食品開発の進め方

岩田直樹

幸書房

推薦の言葉

岩田直樹さんの「食品開発の進め方」が幸書房から出版されることになった。待望久しかったものである。

本来なら岩田直樹先生と呼ぶべきであるが、長年の付き合いからするとよそよそしいので、岩田さんと呼ばせてもらう。

岩田直樹さんとの交遊も四〇年を超える。味の素株式会社の新設の食品研究所で「フライ油の劣化現象」の研究を行った時は、みんな若くて同じ研究を進める仲間であり同士であった。昭和三〇年当時は、食用油は貴重品で主な用途はフライ油であった。フライ油が泡立つようになると、大きなフライ鍋の油を全部交換しなければならず、経済的問題もからんでフライ油劣化はよくクレームの対象となり油脂事業の大きな問題であった。

私どもはこの問題に取り組むことにした。岩田さんは器用で実験が上手で次々に新知見が得られ、理論的考察も当時目新しかった油脂の自動酸化の学説を巧みに盛り込んで、「油化学」（現在のオレオサイエンス）にいくつかの論文を連名で発表した。

これらの研究論文は高く評価されて、油脂工業会館から論文賞（現在の油化学会賞に当たる）を頂き、またこの論文が基本となって、私は東京大学から農学博士の学位を頂いた。その後、この学位のおかげで北里大学の水産学部の教授に成れた。考えてみると若いときの岩田さんに、私は学位を取っていただいたようなもので、今でも岩田さんのお住まいの練馬の方に足を向けて寝られない。その後、岩田さんは油脂部門から調味料部門に移られた。会社という組織は非情なもので、優秀な人は熟達した部門に関係なく新しい分野に移される。結果において当事者は守備範囲が広くなり、新製品開発にも役立つようになる。

味の素株式会社のユニークな商品群として、「Cook Do」（クックドゥー）というヒット商品が今でも人気を博しているが、これは当時の岩田さんが中心になって開発したものである。岩田さんは定年後ハナマルキ株式会社の技術研究所長に迎えられた。ハナマルキといえば味噌を主体とする会社であるが、会社の商品群は違っても岩田さんは開発の中心になったのである。

一人でコツコツと研究を進める立場から、大勢の人を束ねていく立場になった。一人の秀才から大勢の人に慕われる「オヤジ」になったのである。

今回、岩田さんはこれまでの自分の経験をもとに「食品開発の進め方」をまとめられたわけだが、目次の内容は順に「人間とたべもの」、「新製品開発は何故必要か」、「新製品開発の企画」、「新製品の試作と工業化」、「食品開発の共通技術（一）加工食品の保存技術」、「食品開発の共通技術（二）包装技術」となっている。

岩田さんは「微生物のコントロール技術」などは不得手の分野と思っていたが、読んでみて実用上充分で、必要な技術は全て盛り込んである。専門の学者がまとめるよりも落ちのない分かりやすいものになっている。この分野でもいろいろ苦労し勉強されたのだろう。このようなことはほんの一例で本書の随所に岩田さんの苦心の跡がうかがえる。

今回の「食品開発の進め方」の特徴は、誰が読んでも役に立つことである。若い開発担当者が読んでもリーダー格の人が読んでも、また教材としても役立つだろう。それほど本書は実用的なもので、また会社の大小を問わず役立つ。

本書は、食品の新商品開発を公式化・理論化した数少ない名著であると私は思う。開発担当者には、座右ではなく開発の仕事場に置いて活用してもらいたいし、また広く食品関係者にも手にとってもらいたい。

お世辞でなく実際的なこととして本書を推薦する次第である。

二〇〇二年六月

北里大学名誉教授　太田静行

はじめに

私が食品の新製品開発に携わるようになったのは、一九六〇年代末からである。当時は日本経済の高度成長期であり、それまで家内工業の域を出ない状態であった食品業界は、飛躍的に発展し、多くの新事業、新製品が生み出された時であった。日本社会は経済力の向上をバックにして、大きく変化する中で、消費者の食生活の向上意欲も強かった。開発担当者としては恵まれた時代であったといえる。

それ以来三〇年研究開発部門に属し、直接間接何らかのかたちで、主に即席食品、調理食品の新製品開発に関わってきて、昨年サラリーマンを卒業した。

その頃のことであるが、知人に「ところで貴方の専門は何ですか。」といわれ、返答に窮した。その知人は私と同じく技術屋である。技術屋同士の話では、専門はとの問いに対して技術の軸で答えなければ話にならない。発酵とか、食品工学とかの技術分野を軸に、何を対象に、どのような技術に携わってきたかの説明を求められているのである。しかし、商品開発だけをやってきた身には、乾燥食品、冷凍食品、チルド食品、レトルト食品を手がけたが、そのいずれも専門家というのは口幅ったい。また、調味の腕は、仲間内では結構認められていたが、それとて料理人諸先生のご指導のお陰で、とてもとてもそれが私の専門などとは言いかねる。自分の経歴を説明するには、何を開発したか、つまりモノで説明するよりほかには説明の仕様がないのが実状である。

商品開発は、企業の持っているマーケティング、研究開発、生産、販売などの諸機能を統合して、お客様が満足する製品を提供することである。商品開発に関わる業務活動は、企業の中で多岐にわたるもので、私達技術屋がしなければならないことは、自分の持っている技術を使って、お客様に訴求する品質特性・機能を製品という実体のあるモノにすることとその製品の品質を常に保証できるようにすることである。

そのためには、コア技術とともにサポートする技術が必要である。その中でも特に食品の場合は、健康に直接関与するものであるから、変質防止、中味の保護が重要な技術的課題である。それを全て自前で確立することは難しく、また非効率である。先人の開発した技術を使わせてもらうこと、あるいはそれらをアレンジして活用することを考えねばならない。技術屋は自分の城を築きたがる傾向があるが、商品開発で要求されるのは本質的に技術の専門性よりは浅くともいろいろ物識りであることであったように思う。

新製品を開発しようとするときに誰もが思うことは、売れる商品、儲かる商品を作りたいということである。しかし「千三つ」という言葉があるが、新製品の開発も商品として成功するものは「一〇〇〇のアイデアから三つ」くらいではないだろうか。私も開発の最初から売れるとはとても思えないような企画に当たり、苦い思いをした経験がある。また売れる自信を持ったものがさっぱり売れず、早々終売になったこともある。

商品は消費者のニーズにマッチして、満足を与えるものでなければならないというが、言うは易く行うは難しである。失敗の原因は、消費者のニーズとのミスマッチなどの計画の失敗、品質あるいは価格に対する不満などの開発試作における失敗、販売・広告戦略の失敗などいろいろなところにある。

新製品と技術の関係についてもう少し触れると、商品開発には、技術は重要な要素であり、多くの場合は新技術の開発によって新製品が生まれることに間違いはない。新技術の開発によって初めて商品化が可能になることもある。しかし、必ずしも新技術だけでは新製品にならないのも事実である。研究を行った結果として新製品が付いて来るわけではない。逆に、新技術がなくてもニーズがあれば、既存技術の組み合わせ、あるいは手直し程度の改善によっても新製品が生まれることはある。食品は太古から基本的には同じ物が食べられているので、新製品といっても昔からある食材が形を変えたものであるといっても過言ではない。また技術も永い歴史の中で、サイエンスの概念もないところで生み出された技（わざ）の延長線上にあるものが多い。それで、食品は既存技術の組み合わせによって新製品が作られることも他の製品に比べて多いのではなかろうか。新技術、それも既存の技術と明確に差別化され、他社の追随を許さない新技術を持つことは新製品の開発で極めて有利であり、技術開発は重要であることに異論を挟むわけではない。しかし、商品開発の成功不成功は、消費者のニーズ発掘に基づいた商品企画に拠るところが大きいように思う。故に、商品開発に携わる技術者は、技術者とはいえ、商品開発全体の仕組みに目を向けるべきではないかと思う。商品開発に携わるには、検討事項・手順・意思決定の仕組みについて、一通りのことは理解しておくことが必要である。そして、いま実施していることが、売れる商品を開発するために適切であるかを判断できる力を養っておくことが必要である。

私は商品開発のシステム、プログラミングについて研究したわけではない。実際に新製品を試作する中で、どうあるべきかを考え、専門家に指導頂いたり、先輩、同僚に助言を受けたり、ディスカッションをしてきた。その中から得てきた多くのものを整理して、後継者である若い人たちに書き残したいと思い、自分たちの体験をベースにした商品開発のフレームワークを入門書にまとめてみた次第である。

書いているうちに、あの事もこの事もと伝えたいことが増えて、いささかまとまりに欠けるものになった。また、アウトラインの記述に留まってしまったが、詳しい内容については多くの成書があるので、それらを参照してもらうことにした。

時代は進み、食品業界は成熟し、消費者の食に対する意識も変わった。我々の時代には試行錯誤をするゆとりがあったが、今日では、商品開発は一層厳しくなり、新製品は小型化している。その状況下で、商品開発は、緻密な計画に基づいて的確かつ迅速に実施することが必要である。これから商品開発に携わる人に本書が少しでもお役に立てれば幸いである。

本書を上梓できたのは、昔の上司である太田静行先生の助言と激励と、会社生活でお世話になった多くの上司、先輩、友人の皆様のお陰と深く感謝いたします。

二〇〇二年六月

岩田直樹

目　次

V．食品開発の共通技術（一）加工食品の保存技術……114

食品開発の進め方

Ⅰ．人間とたべもの

一．人間の食行動

人間は他の動物と同じように、自分の生命を維持するのに必要な栄養を他の生物である「たべもの」から得ている。しかし、人間は空腹を満たしたい、あるいはうまいものを食べたいという欲望のままに行動しているわけではない。一九世紀のグルメとして著名なブリア・サヴァラン[1]は、「禽獣はくらい、人は食べる。」といっている。

ものを食べるという人間の営みは、空腹を満たすだけではない。食卓での振る舞い、食事の楽しみ方など食に関する行動にはもっと複雑な精神的領域がある。それらの食行動は、本能によるものではなく、ヒトが生まれてから習得したもので、ヒトからヒトへ受け継がれ、培われてきたもの即ち文化である。

食の文化は、たべものとヒトの生理の間に、「料理をすること」と「共食（きょうしょく）（ともぐいではない）

をすることと」が存在することといわれている。[2]

「料理をすること」は、ヒトが人間らしくなった頃から行われていた、たべものを増やす、食べ易くする生理的あるいは物質につながる行為で、食の技術の原点といえる。

もう一つの「共食をする」ことであるが、動物はたべものを個体単位で摂るが、それに対して、人間は一人だけでは食べない。他の人々と一緒に食べるのが原則である。共食とは、食の分配である。強い者が、限りのあるたべものを一人占めせずに、弱い者と分け合うことである。禽獣では餌に群がったり、親が子に餌を与えるが、強いもの勝ちの世界で、基本的に仲間の中での分配という概念はないそうである。我々の人間らしい食に関する精神的行動はここに原点がある。

文明の進歩と共に、我々が携わる食に関する技術の分野は広がり高度化したが、我々の食行動は全てが技術によって決まるものではないことを認識しなければならないだろう。

人間はどのようにしてたべものを獲得し、どのように食べてきたかということに触れてみたい。

(一) 食行動の原型

ヒトは雑食性である。獣類には雑食性のものもあるが、人間ほど、たべものの種類の多い動物はいないようである。そのために六〇億まで人口を増やすことができたのである。

ヒトの消化吸収能力は禽獣と比べて進化はしていないし、咀嚼能力では肉食動物より劣っている。その人間が多くのたべものを手に入れることを可能にしたのは、料理をすることを覚えたからである。

料理の歴史は、たべものを切ったり、すり潰したりすることから始まったようで、これは旧石器時代の初めのことだそうである。発見された石器のかなりの部分は、捕らえた獲物の皮を剥いだり、穀物や堅果を割ったりして、可食部と不可食部を仕分けする、つまり料理に用いられていたものらしい。

次には調理に火を使うようになった。火の使用で、始めて、現在の我々にとって主要な食物源であるデンプン性のたべもの、すなわちイモ類やイネ科の穀粒が人間のたべものになった。火の使い方もはじめは「焼く」、「炒る」だったようであるが、新石器時代の後半になって土器が発明され、「煮る」という調理が出現した。穀類などは「煮る」ことによって、さらにうまく食べられるようになったのである。

旧石器時代は、食物はその土地に生える植物、あるいは棲んでいる動物を採集・狩猟することに限られるわけで、食料に乏しく、生活の全ては食料を確保することに向けられていたことは容易に想像できる。

ナマコを最初に食べた人は勇気があったと、いかもの食いの代表としてよくいわれるが、その時代では食べられるものは昆虫でも、ナマコでもなんでも食べていたのが真相らしい。農耕・牧畜によって、むしろまずいもの、栄養効果の悪いものは食べなくなってきたと考えるべきものらしい。現在でもことさら変なものを食べたがる人がいるが、いかもの食いは、我々の中にある何でも食べてみようとするDNAの現われではないかと思う。

太古では、ヒトは自分を取り巻く自然環境から「たべもの」を得ていたが、自然から食物を選択する能力は、動物として備わった先天的能力であると一般には思われていた。ヒトの味覚には生理的欲求の信号刺激というものがある。甘さは、糖の信号刺激であり、エネルギー要求の信号刺激である。塩辛さは、塩類に対する信号刺激で、生理的に塩類を要求するという形で出てくる。うま味（グルタミン酸、イノシン酸などの味）に対する感度は白人よりアジア民族の方が高いが、これは農耕主体のアジア人の方が、蛋白要求が高いからだと若い頃に教わった。しかし、人は自分の栄養要求に従って、食物を選択しているかというと、最近の研究では、人間を含めて高等動物は、本能としての食物選択能力は限られたもので、大部分は親からの学習によって習得しているそうである。

五〇〇〇年前（もっと以前という説もある）にメソポタミアで農耕が始まった。このことによって、たべものは自然のものから、人間が作り出したものに変わった。

牧畜も四〇〇〇年前くらいから始まったようであるが、太古の牧畜は、乳を得ることが目的だったらしい。乳はそれだけで栄養を賄える貴重な食料である。今でも、移動性の牧畜民族では、たべものはほとんど乳だけで賄っている。

肉を得るには屠殺しなければならず、これを継続するには多数の家畜が必要であり、その頃の規模の小さい放牧では、家畜を肉として消費するゆとりはなかった。肉は、家畜の餌である草が少なくなる秋の末に、数を絞るために、雄はタネ雄を除いて殺したので、その時だけ食べることができた。牧畜により肉が食べられるようになったのは、牧畜技術が発達して、多数の家畜を飼えるようになったずっと後年のことのようである。

狩猟・採集時代にも木の実などは保存されていたようであるが、農耕・牧畜の時代に入り、食料の保存は、不可欠になった。農耕によって食料は増えたといっても、穀類の収穫期は限られる。穀類は乾燥状態に保つことで、長期間食いつなぐことができたわけである。

牧畜によって得られる肉、乳は穀類に比べて保存が効かないたべものである。牧畜で生活するにはこれらの保存が不可欠である。肉は滅多に手に入らない貴重なものである。肉を保存するために、塩蔵、乾燥、自然環境が乾燥に不適な地域では、燻製などの加工技術を生み出した。乳は常にフレッシュなものが得られると思うだろうが、これも家畜の妊娠期との関係で一年中同じように得ることは難しかったようである。それで、乳は脂肪を分離し、カード状にした後に乾燥したり、あるいは発酵させてチーズにして保存食にした。

これらの技術を人間が手にしたときが、文明の始まりといえるであろう。保存を目的とした様々な工夫が、今日でいう食品加工に繋がっているのだ。

余談であるが、発酵食品の代表ともいうべき酒の始まりは詳らかではないが、果実、蜂蜜など自然の糖が野生酵母により自然発酵してできたものを人が知り、土器の出現した新石器時代から作られるようになったと推測されている。酒というものは不思議なもので全くといえるほど精神領域に属するたべものである。

表１　食品関連の技術

技術要素	内容
食料生産	農耕，育種，牧畜，漁労，養殖，貯蔵
食品製造	加工，製造，保存
料理	調理法，調味，献立
栄養学	栄養生理，消化吸収，代謝
流通	包装，物流，マーケティング

発酵技術は保存とは異なり、食品素材の自然の食味と全く異なるたべものが得られるということで、料理（加工）を超えた技術（製造）である。料理、保存と並ぶ食品の三大技術の一つといえるだろう。

こうして現在の我々人間の食生活における、物質面の原型が出来上がった。それで、我々の食生活の原点は新石器時代にあるといわれている。

生命を維持するのはたべものであるから、満腹したい、うまいものを食べたい、生命を長らえ、健康であるように食べたいなど人間のたべものに対する様々な思いが、文明の発達と共に、食べものに関連した様々な技術を発達させた。我々が習得してきた技術は表１のようにまとめられる。

（二）文化としての食行動

人間の食行動の原点は、「共食をする」ことと冒頭に言ったが、そこから生まれた人間の食行動の幾つかの面について触れてみる。

共食は、その基本単位は家族である。もともと家族という集団は、特に力が強いとはいえない動物である人間が食物を獲得するために成立したといえる。その中では、力の強い男は狩猟とか採集などの外の仕事に従事し、女性は育児とか料理など内の仕事に携わるように、家族内の仕事の分担が決まってきたと考えられる。このようにして、主に男が獲得し、女が料理して、家族全員がそれを分かち合ってきたのが人間の食生活の基本型といえるようである。家族は、たべものを絆として出来上がったのである。

共食は、家族を超え、狩猟の獲物の分配など共同作業の仲間でも行われた。仲間の連帯感を醸成する意味であるといわれている。神に収穫物を供え、お下がりを食するのは、食事を神聖視した古代には、どの民族でも広く行われていた習俗らしいが、これは神との共食であり、神と親くなることを意味するそうである。文化人類学者によれば、かれらが未開の部族との交流を求める場合、たべものの交換から始まるそうである。仲間になる証として、たべものを分かち合うのである。それ故に今でも「同じ釜の飯を食った仲」という言葉が、仲間を意味するものとして使われるのである。

客のもてなしは、今でも飲食を提供することが基本であるが、この元は乏しい食の分配である。それが、会食、宴会という社交としての食事になって、今に引き継がれているのである。

社交としての食事、会食は、他人とのコミュニケーション、親密になるための手段として有史以前からあったと思われる。ものには例外があるもので、人前では食事をしない民族もあるらしい。この習慣は他人への分配を回避するために行ったのが、そのまま習慣として続いているようである。

食事には作法がある。それは、他人と仲良く食べるために、他人に不快感を与えないためのものというが、起源は分配の不快感を与えぬためであったらしい。食べる順番、分配の公平性など分配のルールがマナーの始まりと考えられている。もちろん、作法の起源は、それだけではなく、神事、後の時代には宗教の儀式、儀礼が食事作法に転化したものもある。ちなみに食事の作法として、「いただきます」、「ごちそうさま」と言うのが、我々の作法の一つであるが、この言葉は本来、神に対して言うのである。今では、作ってくれた人、あるいはオゴッテくれた人に対して言っているのが普通だと思うが……。

作法は、動物との差異化でもあるという考え方がある。食べること、それに伴う排泄することと性行動は、人間の動物的行動である。文明化に伴い、他の動物と異なる人間らしさが食事にも求められるようになったことも作法が発達した要因のようである。つまり、作法は洗練された食べ方であり、善悪ではなく美醜の問題である。

差異化は、人間社会の中でも他の集団との差別意識からも生まれたようである。作法には、特権階級である宮廷で生まれて、時代が下ってその風習を市民が真似をして徐々に普及していったものもあるようである。

(三) 食行動としての食物タブー

人間の食行動の一つに、食物タブーがある。食物タブーは宗教によるものが多い。仏教では肉食を禁じているため、日本では文明開化まで仏教の戒律に従って肉食はほとんど行われなかったことはよくご存知の通りである。今でも、イスラム教では豚を、ヒンズー教では牛を禁じている。

タブーとされているもののほとんどは不合理なものであり、宗教、習俗によって発生したものが多いが、何故発生したかは文化人類学でも、全てについては説明のつかない問題のようであるが、集団として他の集団との差異化、集団の結束強化の意味があるらしい。そうだとすればタブーも共食からの流れといえる。

タブーの逆の現象としては食物信仰がある。精がつく、健康に良いというわけで、これは今日でもある。特定のたべものに特別の機能があるのかどうか、皆さんはどう思われるだろうか。タブー、食物信仰は現在でも生まれているように思う。

タブーとまではいえないが、その集団では食べない、食べると疎外されるものはいろいろある。日本では、カエル、ヘビは一般には食べない。しかし、中国（古来より日本の食生活には影響している国であるが）では食べる。私は、カエルを中国料理で食べることがあるが、特にうまいという程ではないが決してまずくはない。しかし、私が常食するとすれば周囲から変な目で見られることは間違いない。犬の肉も隣の中国、朝鮮半島では食べているが、私を含め日本人のほとんどは犬肉料理が食卓に出されたら、先ず気持悪い感じを持つであろうし、箸をつけるのをためらうであろう。周りと同じものを食べるのが人間の食習慣にはある。これも共食から展開したものといえよう。

食習慣には、食料の手に入り易さが大きく影響することは論を待たない。食料の移入は有史以前のかなり早い時期から広く行われていたようである。ヨーロッパでは、新大陸の発見によって、多くの農作物（代表的なものとしてジャガイモ、トウモロコシなどがある）が移入されて、食料は豊かになり、食生活は大きく変わった。

日本では、弥生時代（二〇〇〇年前）から、中国、朝鮮半島から稲作などの移入があり、有史時代以後では、七、八世紀の唐との交流、一七世紀の南蛮貿易、一九世紀の文明開化が、食生活を大きく変えた節目の時代であった。それは食品、料理のみならず、作法、食事様式、食に対する意識を変えたといわれている。食習慣もまた精神的要素がある。

おいしいものを食べるのは、本能的なものと思うが、個人に帰属すると思われる嗜好もまた社会的学習によって作られると考えられる。

人間は食べ馴れたものがうまいという。親、特に母親が嫌いなものは子供も嫌いになることが多い。これもＤＮＡの問題というより食べ馴れていないためである。嗜好も食習慣に拠るところがあり、タブーと同じく、民族、地域内で共通するものである。他の地域との交流が進むことで、民族、地域の食習慣は変化する。

最近、中国やフランスでも生魚を食べるようになったのは、日本の食文化の影響である（それを可能にしたのは物流の発達であるが）。今後、国際交流がますます盛んになれば、世界的に、個人の嗜好もどんどん変化するであろう。

（四）快楽としての食行動

食行動には、快楽としての食がある。誰でもおいしいものを食べたいと思うし、食べた時は満足し、幸福な気持ちになる。しかし、人間が食物不足から開放されたのは、西欧においても近代に入ってからで、人間の歴史ではたべものの分配は重要な問題であった。他人へたべものを分配するためには、自己の欲望を抑制しなければならない。食べることは快楽か、抑制すべきものかは民族によって考え方が違うようであるが、歴史的に見れば多くの社会では、一部の権力者を除いて、たべものは快楽の対象ではなく、禁欲すべきものであった。

食事作法に戻るが、作法は人間のたべものに対する欲望を抑制する傾向が強い。今でもマナーのやかましい地域は食料の乏しかった歴史をもつ地域であるという。

快楽としての食行動は、古代ローマの貴族が有名であるが、歴史的に、食料の豊富な南欧ではたべることは快楽的で、中欧は禁欲的だったそうである。とはいえ、食事を楽しむには、食料が潤沢になければならず、それを可能にするのは権力であるから、その時代で楽しめたのは宮廷・貴族である。

フランス料理といえば、世界の料理の一方の雄である。フランスでは、ローマ帝国の流れを汲む当時の先進国イタリアと交流するようになった一六世紀以降、宮廷で料理が発達した。パリにレストランができたのは、フランス革命で失業した宮廷の料理人達が、止む無く町に出て、新興ブルジヨワ相手にはじめて以来という。

食の楽しみ方は、中世までは、ローマ貴族は吐きながら食べ続けたといわれるように、大食することであった。食べきれない量をテーブルに盛り上げて食べるのが宴会であった。

一八、一九世紀になって、食品素材が潤沢になり、料理術が意識され、料理書が誕生したりして、美食の観念が出てきたそうである。そして市民社会が出現して美食が開花した。

ブリア・サヴァランはこうも言う。[1]「造物主は人間に生きるがために食べることを強いるかわり、それを勧めるのに食欲、それに報いるのに快楽を与える」と、また「新しい御馳走の発見は人類の幸福にとって天体の発見以上のものである」と。食の楽しみ方は、量から質に転換したのである。美意識を伴った文化として、料理法、献立が発達した。

日本では、武家社会は禁欲的だったので、町人社会が発達した江戸時代中期になって料理を楽しむための料理屋が出現した。それ以前には、街道筋に旅人相手の飯屋があった程度で、それは飢えを満たすだけのものだったらしい。これも、食料が増産され、一方では、町人が経済力をつけてきたので、楽しめるようになったからだろう。

食を楽しむということは、唯ひたすらうまいものを食するだけで満足できるだろうか。近年、日本でも料理店・レストランの格付けが流行っているが、ミシュラン（フランス：非常に権威がある）のレストランガイドの格付けは、料理だけでなく、部屋のインテリア、調度、食器、サービスも評価対象で、それらを総合して星幾つと評価される。真性のグルメはいざ知らず、快適な環境で、楽しい会話、時には歌舞音曲のなかで、食味を楽しむのが食の快楽である。

昔は、料亭の顧客になるには文人的素養が必要だったようで、私など遠く及ばない総合的文化の世界だったようであるが、今では高級フランス料理レストランも若い人達で溢れている。高級料理店で食事をすることは普段とは異なった、洗練されたおいしい料理そのものに対する満足もあるが、非日常的世界に入る精神的な満足も大きいと思う。食味を楽しむことが二次的であって、食事が遊興的になっても、誰もが時にはバーチャル的環境の中で食事を楽しむのは良いことである。

(五) ハレの日の食事とおふくろの味

家族、仲間との間では、食べ物を提供する、共食をすることは愛情、親しさの表現でもある。ハレの日には御馳走を作ることは一般的習慣である。祝いの心を表現するのは、御馳走を食べることでもある。また、心が苦しむ時に食べることで気持ちの転換ができる。ヤケ食い、ヤケ酒は健康には悪いが、精神的には良いこともある。食べるという行為と心とは極めて近い関係にあるといえる。食べることの楽しみ、それに満足することは消化器系統の満足ばかりでなく、多分に大脳の満足がなければならないのである。

食べることには、人間の心を和ます効果もある。食事には、美味に対する憧れ、好奇心を満たす緊張の食事と、緊張を解いて、精神を安定させる癒しの食事があるように思う。一言でいえば、専門店の料理と家庭料理である。前者はうまいものを食べたいという欲求を満足させてくれる食事である。食の快楽を求める、食べるという積極的な意志のある食事である。そこでは、我々は食味という点では満足が得られるであろうが、これを毎日続けては、グルメと言われる人はさて置き、普通の人では疲れてしまうだろう。

家庭の食事はどうかというと、一食一食に感激することはあまりないのが普通である。作ってくれる人（私の場合は妻であるが）には申し訳ないが、昨夕の食事は、料理の味どころか何を食べたかということすら忘れてしまうことが間々ある。刺激の少ない食事である。しかし、そこに家庭料理の本当の価値があると思う。

野生動物では、餌を食べるときは一番隙ができて、他の動物に襲われる危険な時だそうである。また餌を奪われる危険もある。それで野生動物は、餌を食べる時は緊張しているそうである。犬猫でも、食べるときは四方に目配りをしていることに思い当たると思う。

人間も同じで太古には危険を避けるために隠れて食べていたようである。そのＤＮＡの仕業なのか、外での食事はくつろげないようである。外で食事をしてきても、家に帰って漬物でお茶漬けを食べてほっとしたりするわけである。家庭での食事は、我々が最もくつろげる時ではないだろうか。食事は家族の絆と前に記したが、この信頼感、安らぎが家庭であると思う。だから過度に栄養だの、健康だの、作法をやかましく言うのは家庭崩壊の原因になるという説もある。「おふくろの味」について再考すべきであろう。

人間とたべものの関係は、文明の進歩に従って、物質的にも、精神的領域についても変貌してきたが、基本にあるのは、食べものが不足している状態のもとで、人間の欲望を満たすことと抑制することのバランスの上に展開したといえる。然るに、現代はたべものに満ち足りたのだから、食行動は変貌するであろう。栄養の摂取から離れた「たべもの」の効用に着目する時ではないかと思う。商品開発に関係ないようなことを記したと思われるかもしれないが、人間の食行動には、物質としてのたべものを食するだけでなく、食文化すなわち精神的領域の欲求が深く関わっていることを認識することが、これからの商品開発に必要であると思い、その一端を紹介した。

二．飽食の時代

(一) 日本の食生活の分岐点

食生活の変遷は、第二次大戦後（昭和二〇年）を原点にして扱われることが一般的である。敗戦後の混乱の中での飢餓期、戦前の生活レベルへの復興期、食生活の充実に目がむけられ、栄養改善運動、嗜好の急速な洋風化、簡便化が進んだ成長期、飽食の時代といわれる成熟期である。

昭和三〇年代から四〇年代の成長期には、前半ではインスタント食品を切り口にコーヒー、スープなどの洋風食品が出現し、畜産製品など既存の分野の商品が成長して、今日目にする加工食品はほぼ出揃った。この時期の新製品開発のキーワードは、洋風化、簡便化であった。

後半は日本経済の高度成長期であった。食品産業においては、外食、冷凍・レトルト食品など調理食品が普及して、市場全体が量的拡大期であった。

そして我々の食生活は昭和五〇年前後に大きな転換期を迎えた。日本における食に対する意識は、ここを境にして二分される。

昭和四七年には、国民一日当たりの摂取総熱量は二五〇〇キロカロリーと戦前の水準の二五％増となり、飽和状態に達した。栄養バランスにおいても、鉄、カルシウムの不足があるが、ほぼ満足できる状態になった。それ以降、カロリーの過剰摂取が栄養学的に問題視され、食物は、体位向上から健康の維持に重点が置かれ、生体調節機能（生理活性）が着目されるようになったのである。

家計の中での食料費は、バブル期までは安定的に増加し、やがて頂点に達し[3]、そして「飽食」といわれるようになった。消費者の生活意識は、食生活のレベルアップより、レジャーの充実・拡大にその力点が移行した。食生活は誰もがそれなりに満足できる状況になったことで、家族揃っての外食などレジャーの一環として、楽しみを求めるものとなった。食に対する意識は、社交、教養、趣味などとして精神的領域における満足に関心が向けられるようになったといえる。

その間の食料費の動向を見ると、消費支出の中で食料費の占める比率は昭和四五年の三四・一％から二〇年後の平成二年には二七・六％に低下した[3]。そして外食と調理食品が伸び、食生活の中で一定のウエイトを占めるようになった。

そしてバブル期以降では、長期にわたる経済不況の影響もあるが、食料費は実質マイナス成長になっている。

「食べるために働く」、「欠食児童」、「栄養失調」などが死語になり、肥満（過食）が問題視される現在は、食料不足をバックグランドとして構築された従来の食に対する意識、行動の規制が崩壊し始めたように思える。世界には飢餓状態の人々が一割近くいても、二一世紀には食料不足が懸念されても、これだけ我々の周辺に、たべものが豊富にあれば、貴重ではなくなり、食べるということは神聖な行為ではなくなる。栄養を摂取するという生きていく上での特別な意味に対する意識は薄れた。我々が先祖から受け継いできたたべものに対する概念は、過去のものになりつつある。たべものは、ごくありふれたもの、「好きなものを、好きなときに、好きなだけ食べる[4]」存在になった。食べ方もまた自分流になった。

(二) 共食から個食へ

従来の食生活と現在の食生活を比較したのが、図1である。

太古以来の家族という集団で営まれていた共食は壊れ、食生活は個人へ帰属するようになり、調理は家庭から工場へ移行の度合いを強めていることが大きな変化である。

我々の食生活にこのような変化をもたらしたものは、食料の需給の他に、社会、経済の変化である。特に着目されるのは、女性の社会進出、有職化の影響である。従来、家庭では料理の主役は女性であった。一方、職業としての料理人は圧倒的に男性である。男は社会に出るもの、女は家庭を

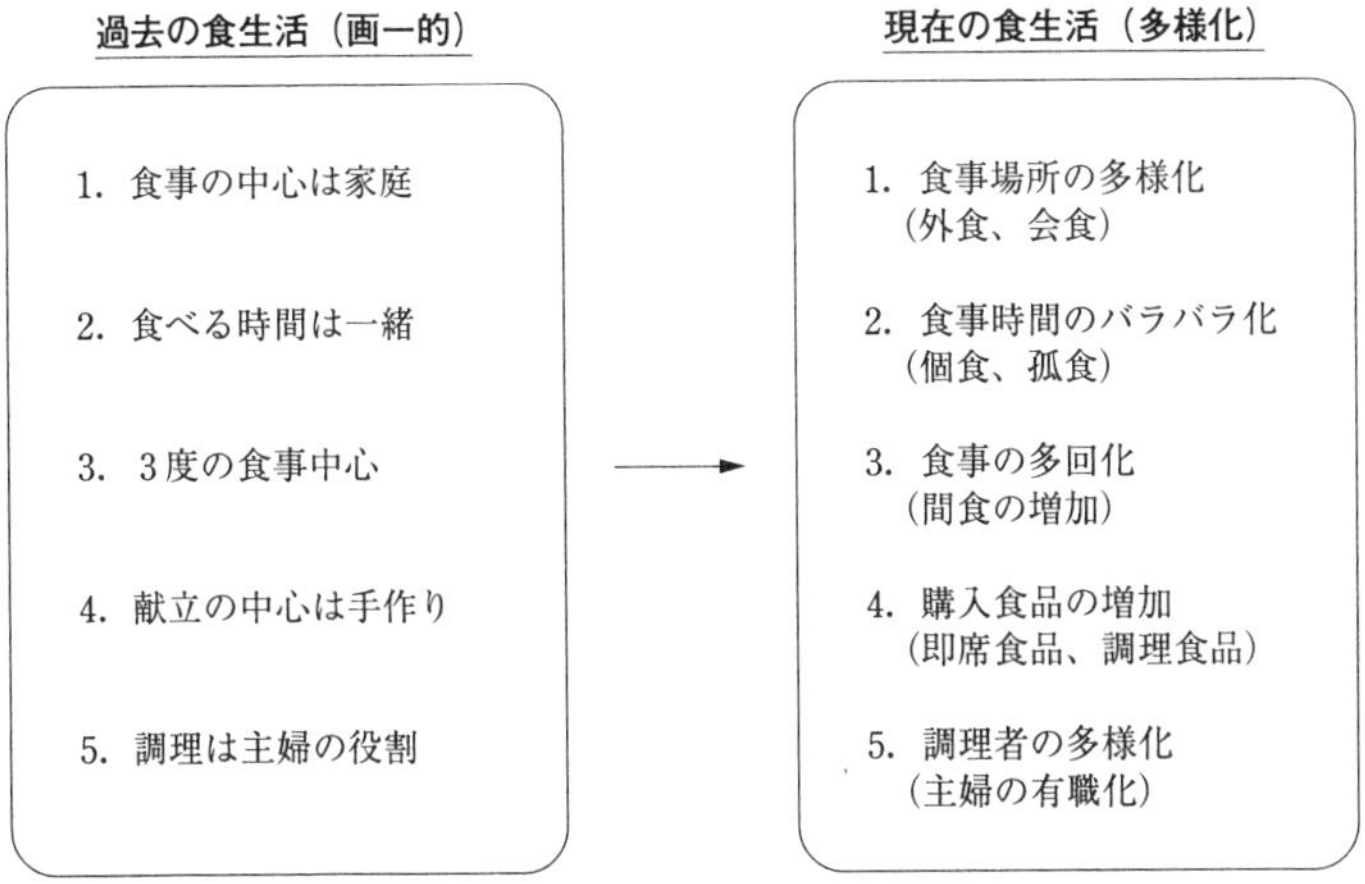
過去の食生活（画一的）
1．食事の中心は家庭
2．食べる時間は一緒
3．３度の食事中心
4．献立の中心は手作り
5．調理は主婦の役割
現在の食生活（多様化）
1．食事場所の多様化
（外食、会食）
2．食事時間のバラバラ化
（個食、孤食）
3．食事の多回化
（間食の増加）
4．購入食品の増加
（即席食品、調理食品）
5．調理者の多様化
（主婦の有職化）

図１　食生活の変化

守るものとした社会形態がもたらした家族内の分業の結果が、家庭の料理は女性の役割としたのである。特に女性の方が料理のセンスがあるとか、好きだとかではない。女性が社会に出れば、家族の中での役割分担は当然変わる。従来の女性の役割を担うのが、外食産業であり、調理食品である。

話はそれるが、食品が商品になったのがいつの時代かは不勉強で知らないが、産業革命後に本格化したようである。日本ではせいぜい一〇〇年の歴史である。加工食品は、作るのが難しいもの（手間も含めて）に限られていた。それが、家庭のキッチンで作れる物が、工場へあるいは店頭へ移行している。この三〇～四〇年で、工場の規模もまた家業から企業へと拡大した。食品産業は、加工食品で三五兆円、外食産業を加えれば六〇兆円超に成長している。

家庭の手作り料理は最近までは価値があった。歴史と共に衣、住については、社会的分業が進んでも、食だけは家族の絆の意味からも、家庭に残されていた。その意味からは、手作り料理が食事の正統で、食物の商品化はそれを補完する存在であった。しかし、家族の中にあっても、共同作業がなくなって、個人の行動を尊重するとなれば、「個食」あるいは「孤食」となるのも当然の帰結である。手作りの価値が失われるのも当然といえば当然のようであるが、これは家庭の価値あるいは情操教育の点から問題視されている。家庭における共食は美徳として見直されるときが来るように思われる。

たべものに関する我々の意識・行動は精神領域に属すると前に述べたが、道徳というような観念的なものではなく、我々を取り巻く環境から発生したかなり現実的な対応である。環境の変化に伴って容易に変わるものかもしれない。三度の食事という習慣も江戸時代中期に一般的習慣として定着したようであり、それほど古いものではない。今我々の食事が、四食になったとしても不思議はない。食事作法も、食習慣も、社会情勢と共に、変わっていくものであろう。

(三) 変化はいつも若者から

いつの時代も変化は若者から起こる。現在の若者達の食に対する意識・行動について、博報堂の食品プロジェクトによる若者の食生活の変化に関する調査(4)は、一・不規則な食生活、偏食、無関心の問題、二・食事区分の崩壊、三・空腹拒否症などの変容を指摘している。それが「好きなものを、好きなときに、好きなだけ食べる」ということである。さらに若者の食生活を七つのグループに分

1. 食の健康コンシャス派（23.3%）— いつも健康バランスしっかり考えています
健康意識が高く、行動も伴っている優等生。社会人の女性が中心。日頃から栄養バランスに気を配り、腹八分目をわきまえながら楽しく食事をするなど、常に健康的な食生活。

2. 食生活アウトロー派（17.3%）— 忙しさにかまけて、体の悪いことのオンパレード
体によくないことが目立つ食生活。社会人男性に多く見られる。偏食が多かったり、食事を抜いたり、ながら食いをしたりと、もはや食生活とは言えない状態。趣味のほうが食事より大切、長生きなんて関係ないという食のアウトロー。

3. 食事うざったい派（16.0%）— 食事は単なるエネルギー補給
食事を単なるエネルギー補給を捉えており、食べることへのこだわりがほとんど見られない。中学生男子にやや多く見られる。食生活に人との対話がないことが特徴。食生活そのものに楽しみを見出せないタイプ。

4. 元気な大食漢派（12.5%）— きちんと食べるが、中味は問題
カロリーの摂り過ぎや栄養バランスに無頓着な、満腹感重視の若い男性に多いタイプ。好き嫌いは特にないが、お肉料理が大好物。ファーストフード店をよく利用し、1日4食以上という多食傾向も。「あ〜ハラ減った」が口癖。

5. 間食楽しみ派（11.5%）— 食事はきちんと楽しく、でも甘いものに注意
栄養バランス云々よりも、手軽さや楽しさを求める女子中高生に多いタイプ。3食きちんと食べて、更に甘いものが大好き。しかしこの頃は、カロリー表示も気をつけるようになった。皆でわいわい食べるのが好き。

6. 分かっちゃいるけど止められない派（10.3%）— 気にはしてても生活不規則が仇
ダラダラ食いの傾向がる一人暮らしの大学生に多いタイプ。食事や健康への関心は高く、アタマでは健康への良し悪しを理解しており、偏食バランスは補うが、運動や規則正しい生活は伴わない。

7. 間食だらだら派（9.3%）— 好きなものをいつでも食べている
間食をだらだらつづける傾向を持ち、中高生に多くみられるタイプ。口寂しいときは勿論、空腹感がなくても間食する。食事前でもかまわず食べてしまう。自分が偏食であることを自覚しつつも止められない。スマートな体型に憧れる一方、無理なダイエットはしないという矛盾した意識を持っている。

図2　若者の食生活パターン

類している。

若者の食スタイルは、トップの健康コンシャス派二三・三%から最小の間食ダラダラ派九・三%まで、大人層と比べてかなりバラツキが大きく、良くも悪るくも、従来になかった様々なスタイルが出現している。

健康コンシャス派がトップで

あるが、アウトロー派、うざったい派を合わせた無関心派が三分の一も存在する。若者の食スタイルを生んだ最大の環境は、コンビニエンスストア（ＣＶＳ）、ファーストフード（ＦＦ）店など二四時間いつでもものを食べられる場の出現だそうである。つまり工場製品の喫食である。

現代は誰もが気ままに自分の食生活ができる環境がある。そして、そういう食生活が、若者時代の一過性のものではなく、大人になってもかなりのすりこみ効果を残すと予想されるそうである。食生活はますます変貌するであろうが、食品産業が更なる発展をするには、食べることに新しい魅力を与える必要があるように思う。

三　商品としての食品

一九九〇年以降の一〇年は、食品産業の沈滞がいわれている。不況の影響とされているが本当にそうなのか疑問に思う。図３は一九八〇〜二〇〇〇年の食料費の支出データである。[3]

これを見ると確かにバブル崩壊後の食料費トータルは減っている。食料費は節約のシンボルといわれてきたが、不況下で家計の皺寄せが食料費にかかっているといえないことはない。しかし、特売日に買う、安売り店を選ぶなど合理的な工夫をすれば節約できる余地があり、食生活にはいろいろな点でゆとりがある。食費を節約することで、消費者にストレスが溜まっている状況ではない。

食品は、他の商品、例えばＩＴ商品、ＡＶ商品に比べ魅力に乏しく、特に買いたいものがないの

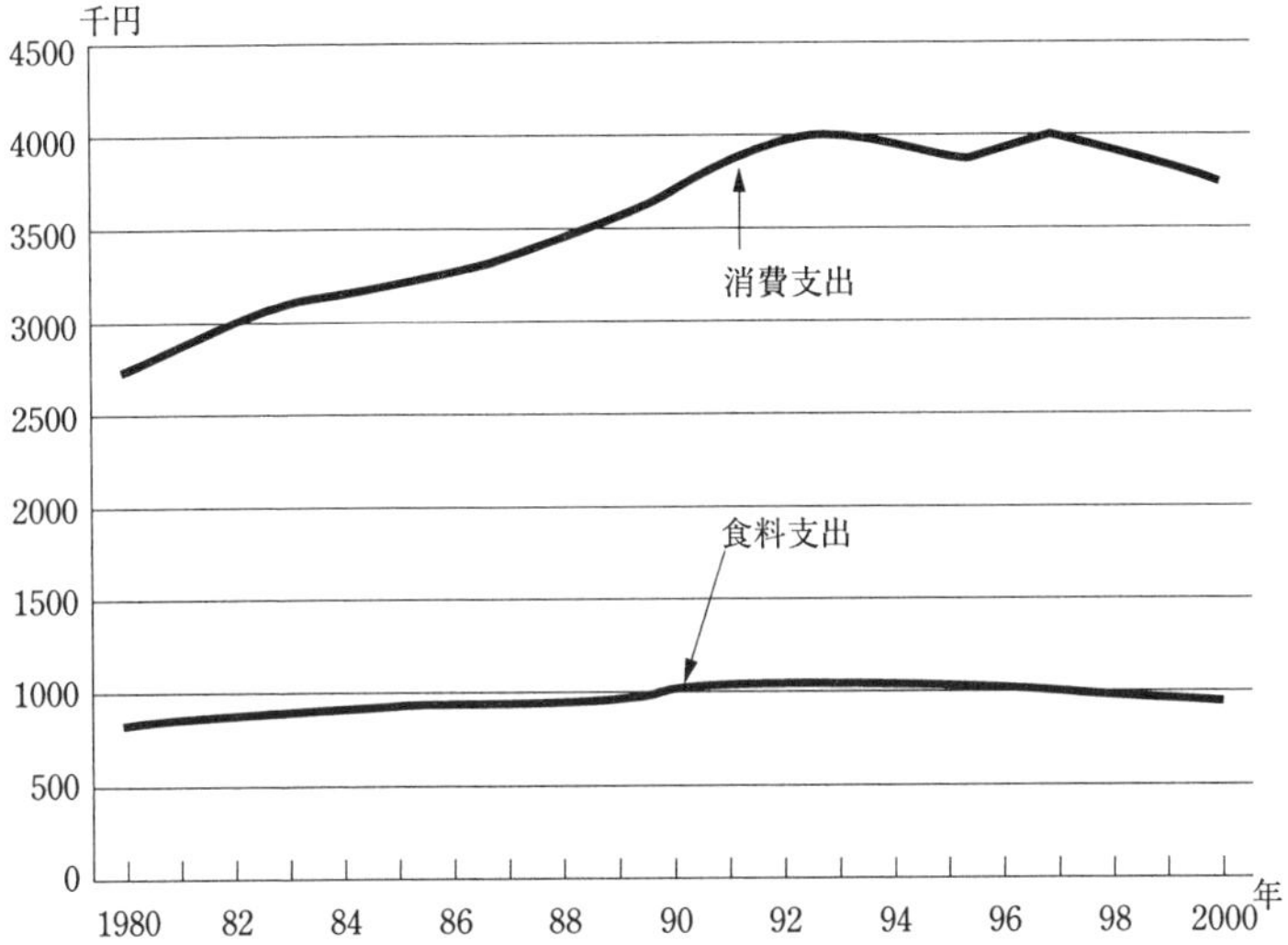

図３　１世帯当たり年間支出動向

が、食料費の伸びが停滞している原因である。

食品の品目別の支出構成を見れば、外食、調理食品が伸長して、穀類、肉類、魚介類など素材型商品が減っている。食品の産業構造が変貌しているのは明らかである（図４）。

繰り返しになるが、たべものは、人間の生理と直結したものであること、他の生物を素材にすることには変わりがない。有史以来人間がたべものに対してしてきたことは、基本的には古来からあるもののバリエイションと品質改良である。たべものは文明というより文化であって、文明の所産であるＩＴ技術のように、人間が手にしたことのない全く新しい食品を提供することは不可能である。

この三〇～四〇年のわが国の食品産業は、バリエイションと品質改良の点では消費者の味覚と胃袋にはかなりの満足を与えたと思

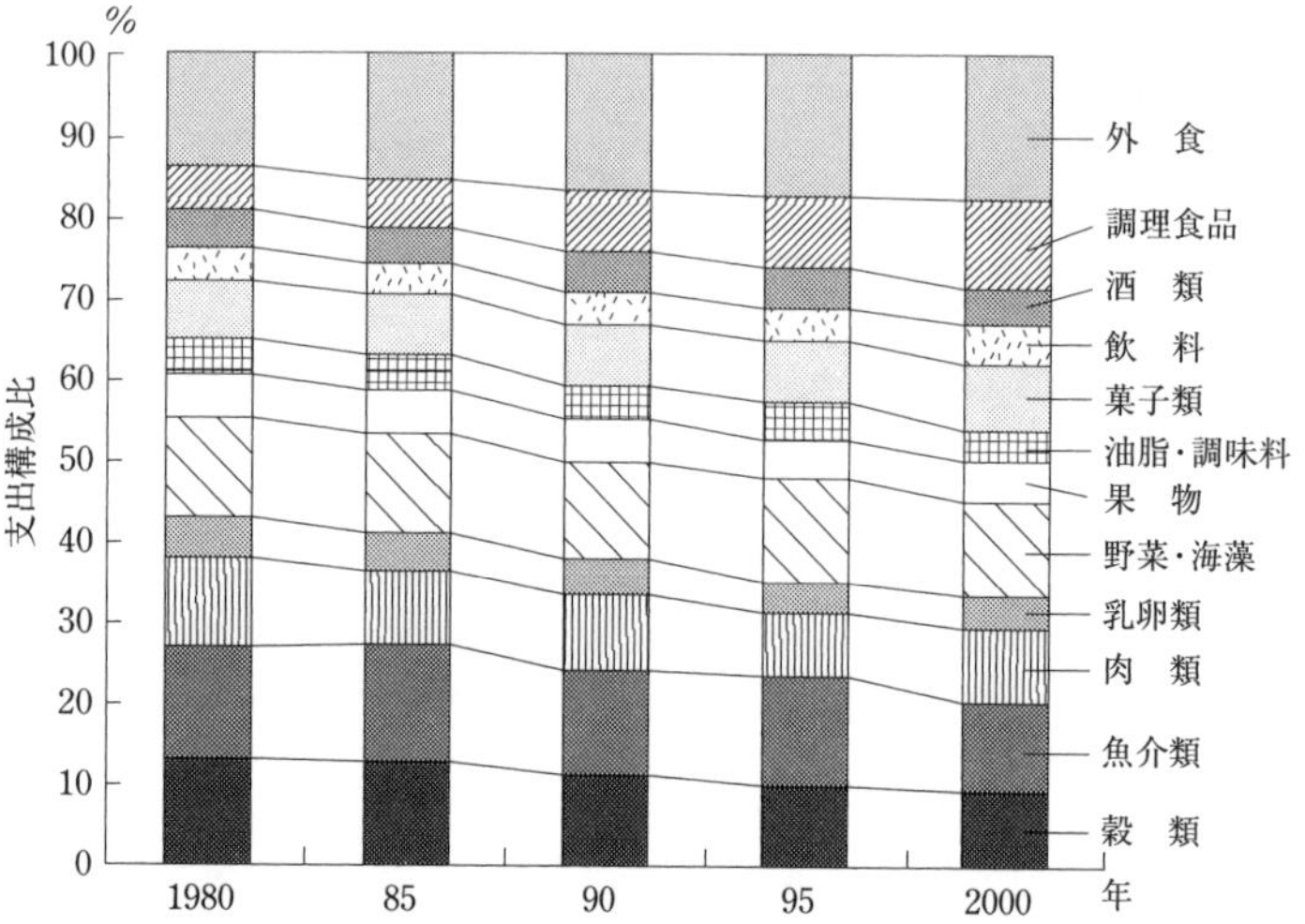

図4　品目別支出構成

う。我々の周りには、料理は和・洋・中・エスニックと世界中の料理が揃っているし、食材は世界中から集められている。かつては困難であったフレッシュな食品、あるいは出来たての調理食品を消費者に提供できるようになった。

特に食品の中でも、オーソドックスな加工食品は、消費者の嗜好に合わせた改良を進め、完成度が高くなったといえる。消費者にとって、これ以上望むべきものがないのではないか。不況の影響は確かにあるだろうが、根本の問題としては、食品産業は、成熟期になったととらえるべきである。そして、更なる発展のためには、従来の発想とは異なるマーケティングが必要である。

食品の開発に当たっては、消費者の意識、行動に適応させることが必要である。消費者が食品の多様化する中でそれぞれの食品に求めるものは何か、食品に求められている役割、機能もまた多様化しているはずである。個々に何を要求されているかを認識しなければならない。

食品にはいろいろなタイプがあるが、おおよそ次のような切り口で分類できる。

① 家庭用――――――業務用
② 完結品(＊)――――――食品素材(＊＊)
③ 必需品――――――嗜好品
④ 普及品――――――高級品

（＊）暖める・冷やす以外の加工を必要としない商品
（＊＊）食品を製造するための素材。主原料と副原料・添加物に分けられる

食品が、商品として要求される機能は次のように考えられる。その中での優先順位は食品のタイプによって異なるであろう。それぞれについて述べる。

（一）食品に求められる一次機能について（栄養・健康性、安全性、嗜好性）

人間が本来食物に求める機能である。積極的に訴求するか否かは別として、ネガティブであってはならない機能である。特に消費者の関心は健康と安全性である。

栄養源としての機能は、健康の保持すなわち栄養のバランス、過剰摂取（カロリー、食塩など）

が焦点である。特に肥満問題は将来的にも、メニュー、食習慣に影響する問題と思われる。健康に良いことを訴求する食品もあるが、本来食品は健康に良いことが前提であり、治療食、特殊な目的に適用する保健食以外は如何なものであろうか。私はいろいろなものをバランス良く食べるのが最も健康的と思うので、心情的に組し得ないところがある。

本来食品は、歴史の中で選択された安全なものであるが、環境汚染、製造における人為的なミスにより、**安全性**が損なわれる現実がある。安全性は、消費者には判断できないことで、製造者を信頼する以外にはない。しかし、それが損なわれた時には不信感となる。それ故に食品を開発し、製造する者が第一に保証しなければならない根幹の項目である。

嗜好は栄養学的にみれば、大きな問題ではないが、商品としては非常に重要な要素であることは論を待たない。たべもののおいしさを決めるものは、たべもの自体にある味、香、食感、外観と、摂取する側の生理・心理状態、気候・その場の雰囲気などの外部環境、食習慣、食意識である。

嗜好に影響する要因としては年令が最も大きく、次いで地域、性別の順で影響する。また嗜好は海外との交流による食経験の蓄積、情報化社会の発達による知識量の増加などで常に変わると考えられる。消費者の嗜好の変化には常に関心を持つことが必要である。最近は一般的傾向として味はライトになって、素材の持ち味が生きているものが好まれ、味の濃いもの、しつこいものは敬遠される傾向にある。これは健康意識が嗜好に反映されたものといえる。

（二）食品に求められる二次機能について
（保存性、簡便性、使用（運搬、保管）性、経済性）

今日では訴求点としては弱いが、商品の必要条件として要求される機能である。

保存性の付与は食品加工における重要な目的であることは先に述べたが、商品は、長短はあっても、必ず製造してから時間が経った後に消費・喫食される。通常、食品は製造直後（直後にも厳密にはどの時点を指すかには議論があろうが）が品質上は最良の場合が多く、保存により品質の劣化が起きる。このことは消費者も承知しており、法的に賞味期限あるいは消費期限の表示が義務づけられるようになった。保存性（品質の安定性）は大きい方が好ましいが、要は如何にして最良の状態で消費者の手に渡すかが商品の課題である。これには中味もさることながら包装・流通も重要な因子である。

簡便性を訴求する商品は、調理が一工程の乾燥食品（いわゆるインスタント食品）から始まり、現在では、本格感（手作りのものとの同等性）と両立した調理食品、下ごしらえした生鮮食品と幅を広げてきた。今後も食品の必要条件として、消費者の要求は増すとも減ることはないであろう。

簡便性の因子には次のようなものがある。

① 調理工程数

② 調理時間

③　難易度

調理工程数は少ない程よい。完結型の即席食品、調理済食品は一ないし二工程が基準であろう。また面倒な工程（例えば油で揚げる）は嫌われる原因である。

調理時間についてもかなり厳しい要求がある。家庭内調理での夕食の調理時間は現在では三〇分から一時間程度である。下処理済、調理済の素材・食品の需要が増えているのは当然である。新製品を開発する場合、家庭内で許容されるトータルの調理時間の中に収めることを配慮する必要がある。食品素材、素材型商品でも、食品加工においては、工程数、処理所要時間など簡便性は重要な機能である。

また、即席食品では、湯戻り時間はインスタントラーメンが基準になっており三分間が消費者の常識である。また溶かす（分散させる）という工程の撹拌は砂糖が基準になっており、それ以上に撹拌時間がかかれば溶けにくいと評価された経験がある。ダマになれば論外である。また調理時間には、後始末の時間にも配慮する必要がある。

難易度の基準は、調理技術が未熟な人にも作れる、失敗がない（調理条件に幅がある）、出来上りの指標が明確なことが必要である。

④　手持ちの器具・材料の利用

手持ちの器具・材料の利用ということは、例えば手持ちのトースター、電子レンジが使えること、あるいは電気ポットの湯でできるなど余計な手間が省けることである。

使用性は幅広い問題が含まれる。中味と包装に関わる問題であるが、ほとんどは包装が因子である。各因子とその内容を次に示す。

① 汎用性
② 適量性
③ 運搬性（かさ、重量、包装形態・形状）
④ ハンドリング性（持ち易さ、開口のし易さ、計量のし易さ）
⑤ 保管性（購入在庫品、使い残し品）
⑥ 廃棄性（包装材料）

汎用性は、完結型の商品では必要ないが、素材型では製造サイドの問題としては、需要量のアップ、製造の合理化から必要な項目である。しかし、現在は素材型であっても、用途を特化して、機能をアップさせたものが家庭用、業務用を問わず求められることが多くなっている。

適量性は、主に完結型商品の問題であるが、個食化に伴い、使いきり型商品が増加している。使いきり型商品の量は、経済性のみならず、廃棄のし易さからも適正な量を設定しなければならない。一人前の分量は対象消費者によって、またTPO（Time - Place - Occasion）によって変わる。③以降の問題は包装に関わる問題であるから、詳細はⅥ章「包装」の項に記す。

経済性の基本にあるのは、価格と物としての価値のバランス（Price & Value）である。今は、消費者は節約ムードにあるが、単純な低価格志向ではない。商品には要求するあるいは許容する品質あるいは機能のレベルがあり、それを満たすものの中で、より低価格のものを選定すると考えるべきである。

ものとしての価値は、この章で述べる一～三次の各機能を総合して評価されるもので、中味原料費だけで定まるものではない。便利さ、楽しさ、健康に良いということも価値であり、そのことによって消費者からみた値付けがされ、価格に対する評価が定まる。価格の評価は同種の商品の価格との比較が最も端的であるが、カテゴリーを超えて評価されると考えねばならない。例えば昼食用の食品では、弁当、おにぎり、カップ麺、さらには外食の牛丼、ハンバーガーがバッテングする商品である。それぞれがPrice & Valueを評価され、どれが割安、お買い得かが決められるのである。また、調理食品の場合には、家庭の手作りと、中味費プラス便利性で比較評価をされることが多い。二次機能については、消費者（使用者）選好の方向は論理的で、理屈に合うので、常識的に把握しやすい。購入、使用行動を的確に掌握することが重要である。

(三) 食品に求められる三次機能について（イメージ性、情報性、ファッション性、話題性）

我々の食生活が量的にも質的にも満足できている飽食の時代では、たべものに求められるのは、精神的満足である。換言すれば、食べることの楽しさである。

おいしいたべものに巡り合った時は、食べる楽しさを満喫できることは間違いない。また珍しいたべものは、我々の好奇心を刺激して楽しませてくれる。さらにその背景に、歴史・文化などの曰く因縁のあるストーリーがあれば、味覚を超えて楽しめるのである。

人は共食する動物であるから、たべものを通して人と人との触れ合いを楽しむこともできる。食べることがレジャー化することも、遊び心で楽しむことも良しとすべきである。

一方、料理することが労役であったり、安全性が心配であったり、肥満を気にしては楽しめない。そういう消費者の悩みを解決することも食品産業の役割であるが、食べることに栄養の補給を超えた夢、精神的満足を得る楽しみ方の提唱や、たべものの提供を三次機能として重視する必要がある。

最近の食品市場では、従来中核と考えられていた素材型商品が停滞し、周辺に位置づけられる変種がヒットしている。一次、二次機能を訴求する商品より、楽しさを付与したものである。使い易いよりはカワイイことが重要であり、美味しいことよりは美しくなることが受けている。

知的なものから極めて感覚的な幅広いところで、食べることの楽しさを演出する要素（エンターテイメント性）がこれからの商品には求められている。

エンターテイメント性を訴求するキーワードには次のようなものが考えられる。

目新しさ、懐かしさ、楽しさ、かわいらしさ、優しさ、恰好よさ、
面白さ、知的な、豊かさ、本場もの、旬、ブランド、家庭的、
専門的、手作り、天然、素材感、健康、美容

またイメージを確固たるものにするには、イメージについての情報の提供が必要である。目新しさを訴求するためには、何々処々の国の何々祭りの何料理というような、謂れの情報、健康訴求ならば生理的効果の情報、素材型商品ならば食味の特徴と調理法を商品と共に提供することである。

また近年には食品にも流行り廃りが目立つようになっている。古くは激辛からクレープ、地域特産ラーメン、イタ飯、エスニック、キムチなどブームが起こり、やがて定着するもの、泡のように消えてしまうものなど様々であるが、食品にもファッション性がある。ここにも共食が顔を出すが、人の食べているものは食べたくなるものである。流行りに乗ること、ブームを仕掛ける要素も商品として必要である。

現在は、消費者の意識・行動はオケイジョンによっても多様化している。消費者の選好は移ろい易く、なかなか把握し難いが、消費者に受ける商品の訴求点としては、三次機能のウエイトが上がっていることは間違いない。

それでは従来型のオーソドックスな商品はどうなるか。成熟期にはあるが、量的には今後も中核である。しかし、消費者の商品に対する評価は決まっているから、不満はない。関心の薄い存在になりつつある。

しかし、人はいつも積極的に食べるわけではない。煩わしい思いをしなくても、無意識のうちに安心して選択できることも良いことである。無意識に始まる満足な結果もある。定着化のキーワードは安心だと思う。オーソドックスな食品とはそのような満足を与えるものである。

この分野で新製品を開発する方向は、食品加工素材分野の強化か、他社との競合の中でのシェアアップであろう。その際の訴求点は、恐らく従来通りの地道な一次、二次機能だろう。それには当然消費者の嗜好の変化を踏まえねばならないが、そのキーワードは**「素材の持ち味**（食料の特性が生きている）」**「簡便性」「お値打ち感**（納得できる価格）」ではないかと思う。

Ⅱ．新製品開発は何故必要か

商品には、化学反応と同様に、誘導期、成長期、成熟期、衰退期のライフサイクルがある。どんな商品でも、技術の進歩、消費者の選好の変化によって、いつかは陳腐化し、衰退する時が来る。すなわち、その売上、利益は減少し、他の商品に取って替わられ、細々と余命を繋ぐか消滅することは避けられない。それは単独の商品に限らず、事業に起こることもある。

商品のライフサイクルを発売後の時間と需要で示したのが図5である。誘導期は発売して、商品の知名度を上げる、つまり育成する段階である。広告宣伝、あるいは試供など顧客の認知度を上げるための施策が必要である。そのための先行投資が必要であり、設備の償却がある。この段階では、売上、収益率とも低いか赤字である。

やがて商品の認知度も上がり、売上、収益とも伸長するのが成長期である。新マーケットの開拓など最も華やかな段階である。しかし、市場が拡大すれば、後発メーカーが参入するので、マーケットの獲得競争が焦点となる。

成熟期は需要の伸びが鈍り、徐々に停滞して来る段階である。売上より収益の確保に重点を置か

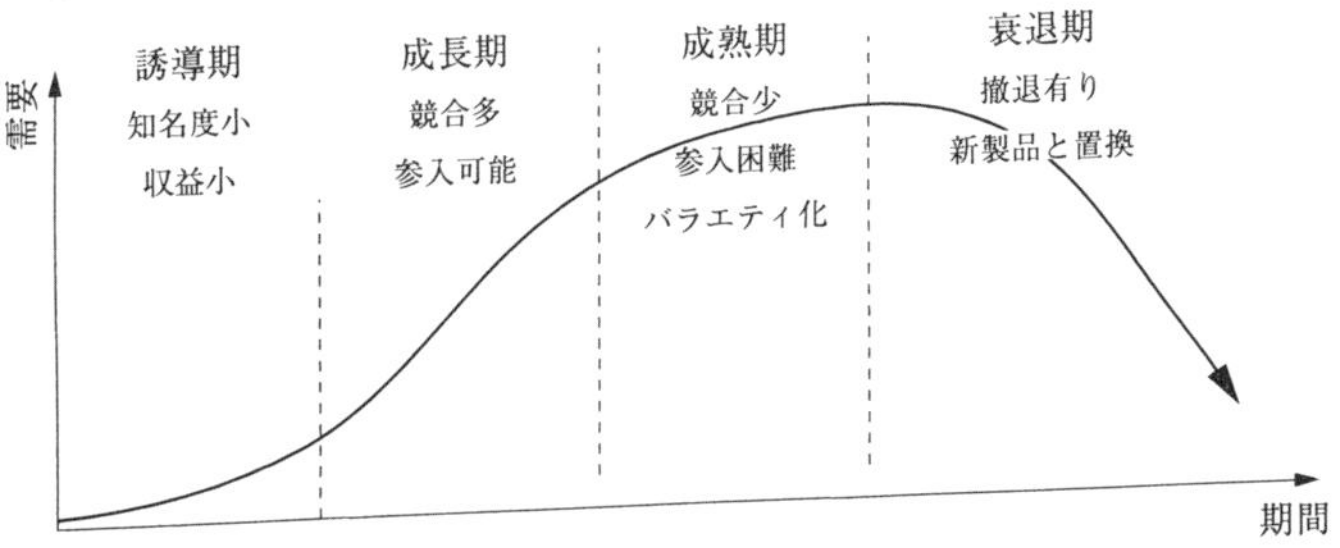

図5　製品のライフサイクル

ねばならない。この段階では新規企業の参入は起こりにくく、シェアは安定している。

しかし、後期になると寡占化の方向に進む。施策は、成熟期間を延長するために、製品のバラエティ化・改良による売上確保、生産・販売の合理化による収益確保が主になる。

衰退期は需要が縮小し、他の商品に置き換わられる段階である。撤退する企業が出てくる。衰退は急速で、こうなれば施策は執りようがなく、新製品との置き換えを図らねばならない。

これが商品の一生である。企業は商品の需要が停滞ないしは下降し始めたら、何らかの手段を講じて、ライフサイクルを延長するか、置き換わる新製品を開発しなければ、企業活動そのものが衰退、あるいは停止に追い込まれることになる。そして、技術革新、消費者のニーズの変化が激しい場合には、このサイクルは変形して急速に衰退期に入る可能性が高い。

企業は長期的に事業を継続するのためには、常に新製品の開発を心がけねばならないのである。新製品開発はその時々の状況によって様々なやり方が執られるが（Ⅲ章二、三参照）、どの方法を選ぶかは、市場の状況と企業の実態から決めねばならない。新製品開発の切り口についてまず触れよう。

一．新製品の開発を促す要因

（一）企業の内的要因

(1) 財務的要因

① 収益の確保
② 売上高の伸び

企業に新製品の開発を促す最大の要因は、収益と売上高の停滞である。これらの要因は、事業全般に由来する場合と特定の製品群の問題に由来する場合とがある。製品あるいは事業が成熟期になって飽和状態になった場合、あるいは有力な競合製品の出現により、置き換わられた場合に起こる。企業では、実績が予定を下回ることは重大な問題である。また成長計画を満たさない場合も同じく問題になる。これをカバーするためには新製品の開発が必要になる。

(2) 余剰資源の活用

企業の生産資源は、原料、技術、設備、要員であるが、これらに余力がある場合には利用して新製品・新事業の展開を図る。同様に販売面でも現有の流通ルートを利用した新製品開発がある。

(二) 環境要因

(1) 競争のポジション

市場におけるシェアがどれだけあるかということは、非常に重要なことである。成熟期の商品では、トップクラスの商品が残り、後ははじかれ、商品の定番化が起こる。シェアが四〇％を超えると、ほぼ独占体制が出来るといわれている。シェアの獲得・防御、顧客の確保のために新製品の開発が求められる。特に他社から有力な新製品が発売された場合には、対抗する新製品開発の強力な動機になる。

(2) 科学技術

製品のライフサイクルの短縮、突然の衰退の要因には、新技術の出現がある。特に先端技術を駆使する製品分野では、技術競争に後れを取れば、一朝にして既存商品は衰退し、市場のシェアを変え、企業の命運を別けることになる。幸か不幸か食品は原料への依存度が高いため、革新的科学技術による急激な変化は稀である。それでも長期的に捉えれば、エポックメーキングといえる技術が出現している。凍結乾燥技術、無菌包装などがこれに当たる。技術の進歩が商品の機能やコストを変え、製品の置き換えを起こし、企業の地位を揺るがす可能性がある。

(3)　原　料

食品は農産物をはじめとして、一次産業製品への依存度が高い。気候、海洋汚染等の影響で、収穫量が変われば価格が変動し、製造が困難になる場合がある。特に我が国では食料の自給率が低く、内外価格差が大きいという問題がある。そのため加工用原料のほとんどは、海外に依存しているので、輸出国の事情によって、需給バランスが変わることも、政治問題が影響することも有り得る。

一方では、開発輸入といわれている現地の栽培指導、加工指導が活発に進められている。それによって原料の安定供給、品質、コスト低減の実績が上がっている。グローバルな視点からの原料の確保を図れば、新製品開発のチャンスは多いにある。原料の安定供給、品質、コスト問題は重要なテーマである。

(4)　法による規制など

食品業界では、最近、有機食品の検査認証・表示制度、保健機能食品制度の発足、ＪＡＳ改訂があった。政府による規制やその緩和がきっかけになって新製品が開発されることもあれば、規制によってつぶれることもある。

食品は特に安全性が重要な因子である。食品の場合は、法規制以上に社会的受容性、すなわち消費者が受け入れるか否かの問題がある。食品添加物問題、ＧＭＯ（Genetically Modified Organism、遺伝子組み換え農産物）問題などが現実に起こっている。社会的受容性よっても製品の終売、新発売が決められることもある。この問題についても細心の注意が必要である。

法による規制は必ず遵守しなければならないが、今後は企業自身による規制が求められるであろう。

(5) 消費者のライフスタイル

製品のライフサイクルへの影響因子として、消費者のライフスタイルの変化が非常に大きい問題である。第二次大戦後、日本の食生活は、経済力のアップ、生活の洋風化、核家族化などにより、在来型の食生活を大きく変えたことは前に触れたが、そのことによって多くの新製品が開発された。今また日本の食生活は大きく変わろうとしている。近年はバブル以降の先行き不安からの生活防衛意識が高級・高価格商品の販売不振となっているが、短期的には時々の経済情勢（景気動向）が製品の売上に影響する。それは当然としても、長期的視点からの、消費者のライフスタイルの変化への対応は、最重要視しなければならない問題である。

(6) 人口統計学的要因

人口の世代分布、居住地域が変わると食生活は変わるから、その結果として商品の需要は変わる。

現在抱えている問題は少子化・高齢化である。従来の商品開発はおおむね多数派の若年層をターゲット（対象消費者）にしてきた。確かに若者は好奇心が強く、流行に敏感である。新製品の受容性は高く、変化をリードする層である。しかし、人口構造の変化、あるいは個食化の時代ということを考えれば、これからはターゲットとして高年齢層を考える必要がある。

(7)　顧客の要求

顧客の設計・企画した特定の製品をユーザーのニーズ・要請に合わせて製品化することはしばしばある。ユーザーからは、開発する商品の特性にマッチした機能のある原料、生産合理化にマッチした原料の要請がある。例えば包装単位（無計量化、女性でも扱える重量など）、複数の原料のミックスなどである。特に素材型商品はユーザーとの連携、あるいは動向の把握は大切である。

(8)　既存商品の販売促進

商品が成熟期になると消費者に対する刺激性が鈍化する。既存商品を活性化する手段としてブランドチェンジ、新品目の導入（バラエティ化）が必要になるので、そのための新製品開発が求められる。売上の期待は小さいことを承知の上で、新品目の発売の施策がとられる。また業務用商品では、主力商品のユーザーへのサービスとして、自社としてメリットの少ない新製品の開発が行うこともある。

二．新製品開発の基本戦略

（一）先行戦略と対抗戦略

新製品開発の基本戦略には先行戦略と対抗戦略がある。それぞれの特徴を次に記す。

(1)　先行戦略

市場動向を推測し、市場機会を捉え、他企業に先駆けて商品化を図る戦略である。新市場の開発をする必要があり、そのために初期投資（人、モノ、金）も大きい。リスキーであるが、フルーツは大きい（創業者利益）のが先行戦略である。他企業が追従できるかどうかが鍵で、容易に真似のできないと思われるテーマの場合に適用できる。あるいは有効である。成功した場合は、企業のプライドを大いに満足させる戦略である。

従来は、このアプローチが最善というわけではなかったが、成熟期を迎えた食品分野では、今後は先行戦略が重要になるであろう。

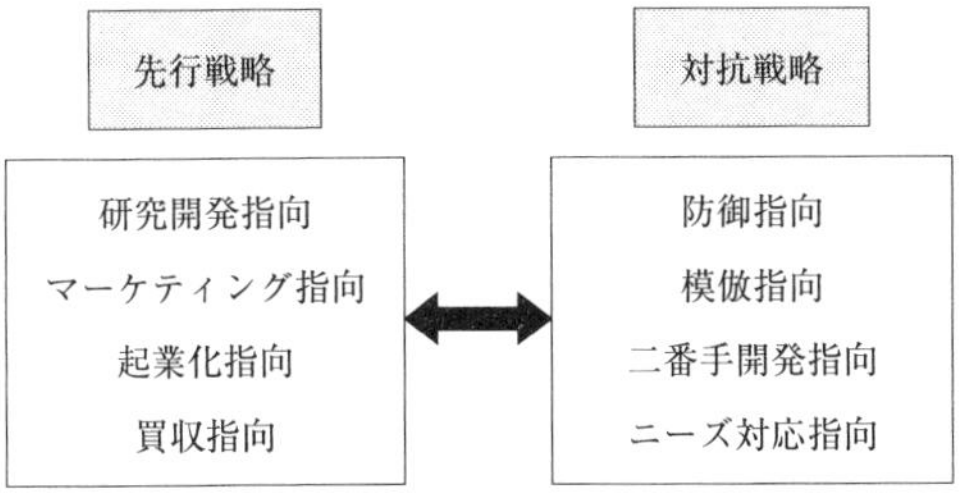

図６　製品開発の基本戦略

①研究開発志向：研究開発に注力して技術的に優れた製品を開発する。機能を訴求する素材型製品の場合に成功しやすい。

②マーケティング志向：市場のニーズの発見・掌握を最優先して、それを満たすような製品を開発する。食品分野の新製品開発では、食品の特性からマーケティング志向が主になる。

③起業家志向：市場のニーズに先行したヒラメキ・勘をもってアイデアを創出し、市場ニーズを形成しつつ、製品化する。市場ニーズを作れることが事業として成功する鍵である。

④企業買収志向：現時点では市場が小さいが、将来性のある分野を探し、早急に商品化し、市場を育成するために行う。自社にポテンシャルが無い場合に行う。

(2) 対抗戦略

他企業の行動を見て、自らの行動を起こす。基本的には防御的になる戦略である。新製品開発の多くはこのパターンである。大体どの業界でも一社が新製品を出すと、我も我もと他社が追従するのが常である。

リスクは少ないがフルーツは小さい。経済の高度成長期には有効な手段であったが、成熟期には問題があるかと思う。

①防御志向：競合新製品に対して、自社の既存製品を手直しして、新製品のインパクトを弱めて、競争相手の勢いをそいで痛み分けを狙う。
②模倣志向：競合新製品が市場に定着する前にコピー製品を作って市場に出し、それなりのシェアを狙う。
③二番手改良：新製品の特性を分析し、改良あるいは差別化をする。ブランド力・販売力が強い場合は有効である。
④ニーズ対処：積極的に顧客の要求に従って、新製品を開発する。リスクはないようであるが、主体性がないままに、顧客のニーズを鵜呑みにすると、目論見違いを起こす危険がある。自身で成否の判断をすべきである。さもないと途中で隔靴(かっか)掻痒(そうよう)の思いをする。

商品開発戦略として何を選択するのが良いかは、市場の状況、企業の事情によって変わるので一概にはいえないが、企業の姿勢の問題に帰着することも多い。

競争の激しい今日では、新製品開発は単に企業内ニーズ（内的要因）や他社追従では成功しない。新製品開発は、投資とリスクが伴うものだから、消費者、市場の動向を認識して、緻密な戦略に沿って進めることでこそ達成される。現在の食品業界の状況は、全体が成熟期にあり、ブランドの定着化が進んでいる。企業の成長を望むなら、対抗戦略を取る場合も、安易な模倣戦略で、セカンドブランド以下でも良しとして、広範囲の商品開発を狙うより、得意な領域に焦点を当てて、企業のポテンシャルを集中して、ブランド力を高めるように、取り組むべきだろう。また不断にポテンシャルを上げる努力が必要である。

企業環境、自分達の強み・弱みを認識し、強みを正面に立て、弱みを少しでも克服するような戦略を立てるようにしなければならない。

一般論として、先行戦略をとるための条件を次に記す。

①　新製品・新市場への志向がある
②　研究開発・マーケティングスキルがある
③　開発に必要な資源と時間がある
④　早期に市場浸透できる宣伝・販売力がある
⑤　新製品は高売上／高収益の可能性が高い
⑥　新製品は特許の取得が可能

Ⅲ. 新製品開発の企画

新製品開発の失敗の要因は、①市場のニーズの把握ミス、②コンセプトの作成ミス、③商品力の事前評価ミスのいずれかによることが多いと言われている。良いアイデアであっても、的確な戦略に欠ける場合には、新製品の開発は成功しないことは明らかである。

新製品の開発は、①市場ニーズの把握、②製品のデザイン（コンセプトの作成）、③モノ作り・マーケティング計画作成の順にシステマティックに行わねばならない。このいずれかがずさんであれば、新製品の開発は間違いなく失敗する。

新製品開発を促す要因は、売上の拡大や、収益の改善など企業のニーズによるところが大きい。そして、その問題解決を研究開発に頼るという図式が多い。しかし、食品では、全く人類が手にしたことのない製品を提供することは極めて難しいことである。換言すれば、全てが太古から食べてきたもののバラエティ化である。技術といっても、基本は食品素材のたべものとしての機能特性に依存する加工技術がほとんどであるから、既存の商品と全く異なるものを創造することは難しい。

新製品の開発は、既存の商品に新しい機能の付与あるいは機能の差別化をすることが目標である。

現状ではほとんどの場合、新製品は消費者が絶対的に必要とするものではなく、より満足するものである。それで、技術力だけでは、新製品を開発して商品化することは難しい。先行する戦略を取るにしても、消費者の潜在的ニーズを掘り起こすマーケティング力と技術力を統合した開発戦略が必要である。

もちろん、食品にも機能アップは必要であり、そのための技術は重要である。研究者、技術者としては、研究開発に挑戦することは当然であり、そこから真に創造性豊かな新製品を生みだすのが王道であるとも言える。しかし、新製品開発は、発売のタイミングも重要な要素である。発売の時代、時期が早くても、遅くても失敗する。さらに技術開発を前提にすることはリスキーで、度量が要ることであり、加えて、商品化のタイミングが取りにくい。それゆえに研究開発と新製品開発とは別建てにした方が良い。

研究開発は、新製品の開発に繋げることを前提にして、目的を明確にした基礎、応用研究をきちんと実行する。そして成果が明らかになった時点で、新製品のシードとして取り上げるか、あるいは会社としてのポテンシャルにして後日を期すかを判断するのが良い。

それでは新製品開発における技術とは何かといえば、私は基本になるのは種々の既存技術の活用と統合化である（その中での技術の応用、進歩は無論ある）と考えている。

技術は新製品開発においては重要な要素であるが、新製品開発の主軸は消費者・市場研究に基づいたマーケティングである。それ故に開発技術者は新製品開発のプロセス全般についての理解と開発企画への積極的な参加が必要なのである。

ここでは、先行型・マーケティング指向型の新製品開発を念頭において、新製品戦略の策定のプロセスについて述べる。

一．新製品開発のフロー

新製品の開発手順は

① 新製品開発戦略の策定
② 製品コンセプトの形成
③ 開発作業の実施（試作・工業化検討／マーケティング計画）
④ 事業化の決定（工業化／生産・販売計画）

の四段階に分けて、ステップアップして進行させる。新製品開発の手順を図7に示す。

各プロセスの担当、次のプロセスへのステップアップの判断をどのようにするかは企業によって様々なやり方があると思うが、何れにしても、企業の個性に合った形で、実行と承認の責任所在を明確にしたルールをつくる必要がある。特に図7の太字で示した決定プロセスは、社内の正式な承認をとるべき事項である。

このシステムは、最近わが国でも広く導入されている品質管理・保証の国際規格であるISO

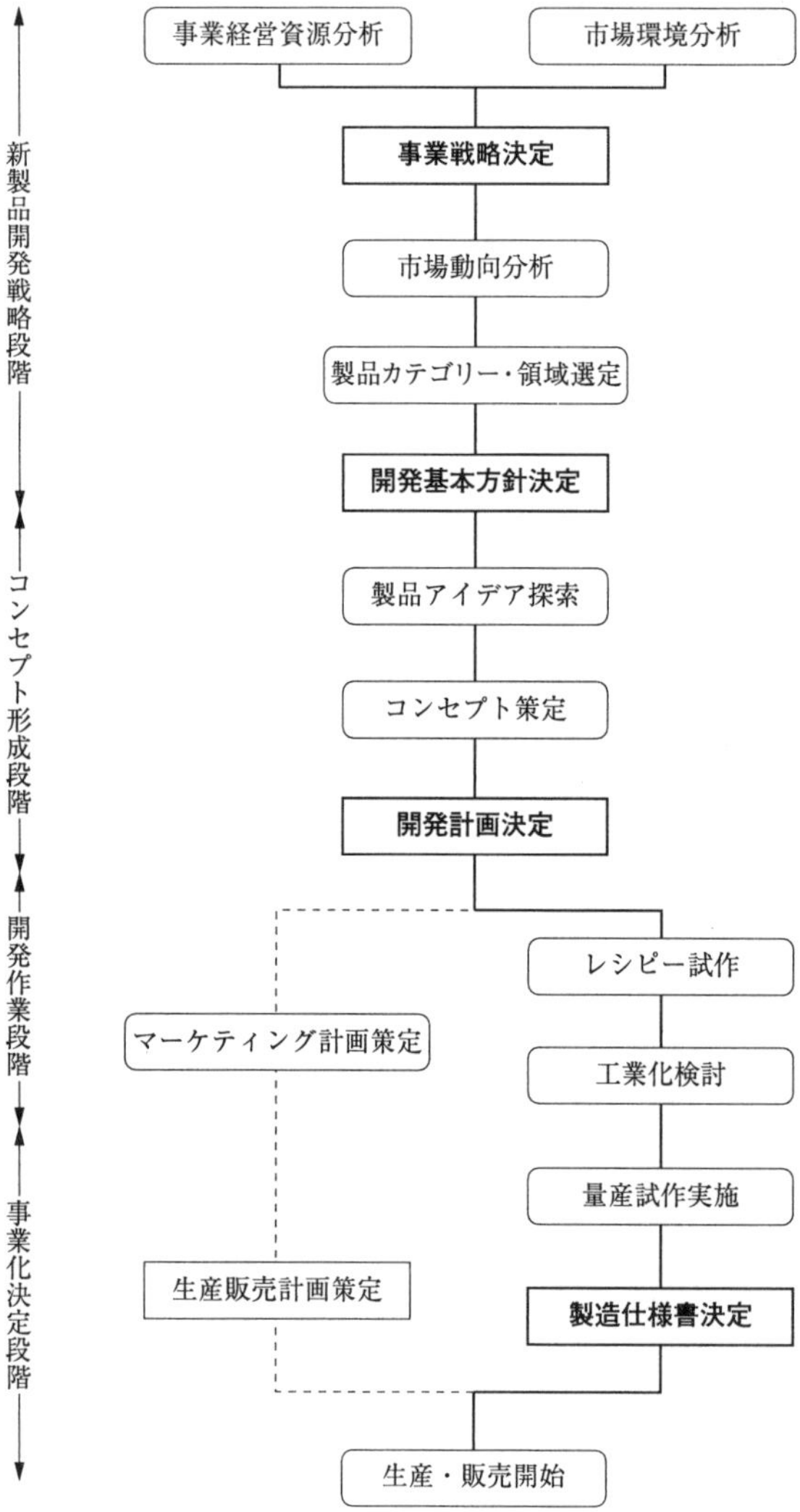

図７　新製品開発のフロー

9000s（JIS Z 9001）に準じることを奨める。

ＩＳＯで要求される事項の要点は以下の通りである。詳しくはJIS Z 9001を参照されたい。

①　製品の開発手順を文書化する

②　管理、実行、検証する人々の責任、権限及び相互関係を明確にする

③　設計・開発の各業務について計画書を作成する

④　設計からのアウトプットは文書化し、承認を受ける

⑤　変更・修正は文書化して、明確にし、実施前に承認を得る

二．新製品開発戦略の策定

この段階のアウトプットは事業戦略を決定することである。この担当はマーケティング部門である。研究開発部門は、技術開発、アイデア探索、利用研究の成果をフィードし、事業戦略に反映させる役割がある。技術開発担当者は、事業戦略上の新製品の必要性及びその背景についての情報をマーケティング部門から提供されるだけではなく、ある程度までは共通認識を持つことが必要である。

事業戦略の策定作業は、先ず事業経営分析、市場環境分析から始める。これは、新事業、新製品を思考する原点である。それらの分析は、二～三年でそれ程変わるものではないから、一度実施し

て、開発関係者（マーケティング担当者、技術開発担当者など）間で、常々認識の共有化を図るのが良いと思う。以後、状況の変化により必要になれば、これをベースに修正する。

（一）事業経営資源分析

先ずは自社の現状を分析し、何を武器にして競争に打ち勝つかを決めるため、自社の強み弱みを把握し、競争力のある資源を見極める。

分析は次の項目について、潜在的競合他社との比較を中心に、相対評価をする。

①　研究開発の成果・現有設備・現有原料・現有要員
②　開発企画力・研究開発力・技術力・販売力
③　ブランド力
④　流通チャネル
⑤　物流チャネル
⑥　情報システム力

（二）市場環境分析

マクロな視点から、自社の事業が現在置かれている状況を把握するために行う。過去との比較、将来の予測を含めて時系列的に捉える。分析する項目は以下の通りである。

① 社会動向：人口分布、環境問題、法規制
② 消費者動向：消費者構造、消費行動、ライフスタイル、食生活意識
③ 経済動向：産業構造、景気動向、食品需要動向、競争企業動向
④ 技術動向：技術開発動向、特許動向

(三) 事業戦略の策定

新製品開発の戦略の基盤は企業の事業戦略である。事業戦略は、企業の進むべき方向を定め、全体の枠組みの中で、事業目標（売上、利益）を立てるものである。それも新製品開発の立場からは中期的戦略がある方が好ましい。

事業戦略には次のような四つのパターンがある。

① 既存の市場において、既存製品のマーケットシェアをあげる戦略＝この施策の中心は、販売活動、販促活動である。
② 既存の市場に、新製品を投入する戦略＝市場の拡大を図るとともに、自社のシェアをアップして、事業の成長を図る戦略である。
③ 既存製品の用途開発を行い、新しい市場を開拓する戦略＝研究開発部門の用途開発を基盤として、流通、販促、販売戦略を立てる。
④ 未参入の市場に進出して、企業活動の範囲を拡大する戦略（多角化）＝この戦略は、自

社のポテンシャルを生かせる既存市場の周辺を狙うことが多い。有望市場に新製品のポテンシャルが不足する場合は、他社の技術、販売のスキルあるいは企業そのものを提携・買収して導入することによって参入を図る場合が多い。

事業戦略が策定されれば、①のケースを除いては、技術開発者が関わることになるが、現実に各企業が行う新製品開発の多くは、②のケースである。以後はこのケースについて新製品の開発の進め方について述べる。

新製品戦略の展開は、新製品開発の必要性の程度、事業への貢献をどの位期待するのか、現在の事業との関連をどうするのかを考えることによって、つまりは新製品の必要性・事業内のポジション・方向性が明確になり、適切な新製品戦略に繋げることが出来る。

三．食品カテゴリー・製品領域の選定

現状の食品業界は、カテゴリー（味噌、醤油、乳製品などのレベルでの分類）レベルでは一通りの品揃えが終わったといえる。新カテゴリーを開拓することはかなり困難と思われる。また既存の市場も飽和状態と考えるべきである。その状況下では、新製品の開発は、シェアのアップ、既存商品市場周辺の拡大が主な戦略となる。

その施策としては、そのカテゴリー全体を対象にして、既存の製品とその特性・機能で明確に差

別化された製品を投入する方法と、市場を細分化（セグメンテーション）して、細分化した領域に対して適性の高い商品を開発する方法がある。前者の例はアサヒビールの味の差別化を訴求した「スーパードライ」であり、後者の例は高級品として訴求した日清の「ラ王」である。

セグメンテーションとは、多様化する消費者ニーズにいろいろな角度から対応するように、カテゴリーの中を細分化して、それぞれのニーズに適応するように製品特性を特化したものを開発して、購買意欲を上げて、需要の拡大を図る施策である。

セグメンテーションは、九〇年代から多用されるようになり、今日では、ほとんどの産業で、セグメンテーションが常識である。新規参入、既存市場拡大にしても、カテゴリー全体を対象にするのは、アサヒビールでは成功したが、容易ではない。セグメンテーションした市場（製品領域と呼ぶ）に参入あるいは傾注する方が成功率は高いであろう。

セグメンテーションの典型的な例は洗剤である。家にある洗剤を列挙してみれば、用途別に徹底的にセグメントしていることが判るであろう。

食品では、コーヒーを例にすれば、市場には、最初は簡便性を重視した粉末タイプのインスタント品が導入され、日本人がコーヒーの味に馴染み、本格的味のニーズが出たところで、市場をセグメントしてレギュラー（コーヒー豆缶詰）市場を作り、市場全体の拡大を展開した。中堅企業では、レギュラー領域を狙ったことで、コーヒー市場に容易に参入できた。そして、現在は、粉末タイプ、濃縮液タイプ、レギュラーとそれぞれに棲み分けて、トータルとしてコーヒー市場の拡大に成功している。

成長期のカテゴリーでは空白領域が充分あるから、市場規模が大で、成長性があり、収益性の高い領域がセグメンテーションにより、見えるであろう。そこを狙って参入することは容易であるが、成熟期のカテゴリーでは、定番化・寡占化が進む中で自ら空白領域を創出するか、さもなければ自社の強みが発揮できる製品領域へポテンシャルを集中して、シェアのアップを図る施策をとらざるをえないであろう。

新製品を投入する市場を決めるには、そのカテゴリーの市場構造を知ることが必要である。市場環境分析よりも細かい調査（市場動向分析）を行い、その分野の実態を掌握することから始める。次に存在する既存品のグルーピングを行い、市場のセグメンテーションを行う。そして各製品領域の実態・特徴を評価し、参入すべき製品領域を摘出、設定する。

カテゴリーの中に空白地帯があり、新しい市場機会がみつかれば先行型の開発が可能である。また、未だ成長が期待できる既存領域があれば、対抗型の差別化による新製品開発で参入を図る。

新領域の開発や既存領域への参入より、自社の強い製品領域をさらに強固なものにして、シェアのアップを図る施策をとるのであれば、顧客の満足度に注目し、既存商品の改良、周辺商品の充実を図る製品戦略をとる。

（一）市場動向分析

事業戦略が決定したならば、次に新製品の参入する製品分野（カテゴリー）の市場動向を調査する。市場動向分析では製品分野について次の五つの動向を明らかにして、参入の切り口を探索する。

①　市場の動向：市場規模、成長率、品種構成、ブランド別シェア
②　消費者の動向：知名度、購入率、購入層、購入実態（頻度、満足度）、選択の基準、使用実態（TPO、利便性）
③　流通動向：流通チャネル、売り場
④　販売動向：競合他社の広告・販促、価格戦略
⑤　技術動向：主たる技術、特許

市場動向分析は、定量データに基づくことが好ましいが、全ての項目について実行することはかなりの難しさがある。支店、バイヤー、広告代理店、原材料メーカーなどからの聴き取り調査また直接店頭での購入動向観察などの定性的情報を得ることも必要である。断片的情報も、分析（解釈）次第で、信頼性のある推測になることも多い。

主な市場動向の基礎データ源としては、家計調査年報（総務省統計局）、食品マーケティング便覧（富士経済）、酒類食品統計月報（日刊経済通信）などの統計類、その他に業界誌、学協会誌、料理情報誌、インターネットなどがある。

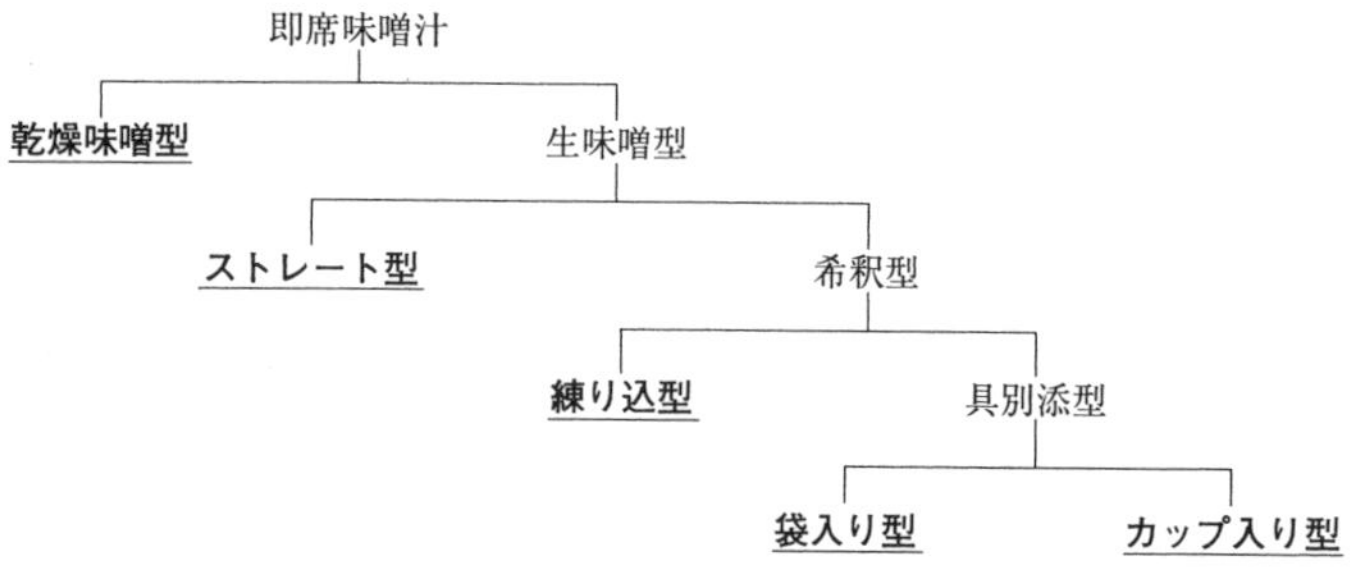

図8　即席味噌汁の分類

（二）カテゴリーのセグメンテーション
（製品分野の細分化）

市場動向分析の結果に基づき、先ず市場構造を階層的に明らかにする。これには製品の属性、形態などに基づき、ツリーを作るのが良いだろう。そして、新製品を開発する領域の摘出をする。即席味噌汁の場合を例に説明する。即席味噌汁は売り上げ四〇〇億円強の中型商品である。製品形態からはアンダーラインをした五タイプに分類される。

セグメンテーションの切り口は、例えば即席味噌汁を、消費者がどう知覚しているか、メーカーがどのように峻別して販売しているかに関わっている。一般的には次のようなものがセグメンテーションの切り口である。

①　消費者のセグメンテーション：年令（若者／老人）、性別（男／女）、居住地域、嗜好（和食好き／洋食好き、甘党／辛党）、食に対する意識（積極的／消極的）、.食行動（手作り率、テイクアウト利用率、外食

表2　各種味噌汁の特性の評価

特性 ＼ 味噌汁のタイプ	消費者		製品機能				オケイジョン			流通		
	若者向	和食好	食味	保存性	経済性	利便性	朝食	夕食	弁当	スーパー	CVS	宅配
乾燥型	△	◎	△	◎	○	○	◎	△	○	◎	○	△
ストレート型	△	◎	◎	△	△	○	○	◎	△	△	○	◎
練り込型	○	◎	△	○	◎	○	◎	△	○	◎	○	△
袋入り型	△	◎	○	○	○	○	◎	△	○	◎	○	△
カップ入り型	○	◎	○	○	△	◎	○	○	◎	△	◎	△

◎：適（良）　○：普通　△：やや不適

率）

② 製品機能のセグメンテーション：食味、健康性、経済性、簡便性など

③ オケイジョンのセグメンテーション：朝食用／夕食用、弁当用、間食用など

④ 流通チャネルのセグメンテーション：スーパー、CVS、デパート、給食など

即席味噌汁の五製品群について、幾つかのセグメンテーションの軸とクロスして、特性を模式的（実態とは乖離（かいり）しているところもあるが）に、三段階評価で比較してみたのが表2である。

この評価に基づけば、それぞれのタイプは、いろいろな軸でセグメントされていることがわかる。しかし、伝統的食品であるが故に、味の特性が基本的に同一であり、消費者の切り口で見れば、和風好きに絞られている。新しい製品領域として洋食好き向け、若者向けが考えられる。さらに種々のオケイジョンで消費者の満足度を詳細に調査すれば、参入する領域、その場合の差別化の切り口が見つかる可能性がある。

流通ルートからは、スーパー商品、弁当屋商品が多く、宅配市場向けに、経済性のあるバラエティにとんだ製品開発をすれば市場拡大する可能性も出てくるかもしれない。

(三) 製品領域の選定

製品領域の選定は、(二) カテゴリーのセグメンテーションの軸を組み合わせて選択する。例えば、消費者の軸とオケイジョンの軸を組み合わせて、「若者の朝食領域」、さらに流通の軸を加えて、「若者の・朝食向き・CVS商品領域」というように領域を設定する。設定に当たっては、その市場動向分析と事業経営資源分析の結果を合わせて、次の項目について予測を行って製品領域として事業戦略への適合性を評価する。

① 売上ポテンシャル（市場規模、成長性、ライフサイクルの長短）
② 市場浸透（参入コスト、競合企業との競争力）
③ ビジネス規模（マーケットシェア、経験の重要度）
④ 投　資（必要投資、技術開発）
⑤ 収　益（利益、価格競争力、投資収益率）
⑥ リスク（競争企業の報復、技術変化、原材料の入手性）

その他に、製品領域の設定では、自社の既存製品とのカニバリゼーション（食い合い）を考えねばならない。

また、ブランドの強化に繋げることを考慮しなければならない。一点ずつの商品開発ではなく、商品群として繋がりのあるものを開発していくことで、企業のポリシー、商品の価値すなわち個性・特徴が消費者に伝わる。例えば「健康」というキーワードを全商品が共有することで、そのブランドの「健康」イメージが消費者に伝達されるのである。

また製品領域の設定には、カテゴリーの異なる製品でも使用する目的、オケイジョンが同じ場合は競合関係になる（クロスカテゴリー）ことも考慮に入れる。特に最近はその傾向が強い。味噌汁は、汁物としてスープ、吸い物、シチューと、飲み物としてお茶類、ビール、ジュースとバッティングしている。

（四）新製品の開発基本方針の策定

製品領域を設定したならば、ここまでの検討経過を整理して、製品領域に参入する基本的方針、参入の意義、開発作業の展開方向を明らかにするため、開発基本方針を作成し、社内の承認を得る。開発基本方針は次の項目について検討して決定する。

（1）基本計画決定の背景

事業経営資源分析、市場環境分析、市場動向分析の結果を総括して、基本方針との繋がりを明らかにする。

① 社会・経済・技術環境
② 対象市場の大きさ、成熟度
③ 市場における当社の競争上の位置
④ 対象消費者（ターゲット）の関連商品の知覚、選好、購買行動
⑤ 当社の資源・ポテンシャル

(2) 基本戦略の選定

基本戦略には、次のタイプがあり、製品領域の評価の結果、特に売上ポテンシャルと前述の背景により、発売のタイミングを考慮して、どれを選択するかを決定する。

① 新領域の開拓（新規ユーザーの開拓、新規流通ルートの開拓など）
② 既存領域への参入
③ 現在領域のシェアの拡大・維持

マーケティング上からは、具体的戦略を次から選択する。

① 差別化（食味、使用性などの製品属性）
② 集中化（地域、顧客、流通、売り場などの細分化、競争対象（トップメーカーまたは下位メーカー）の絞り込み）
③ 低価格化

研究開発上からは、技術的に見て次の分類があり、どの戦略が必要かを明らかにする。

①　新技術領域へ参入
②　現有技術の活用による新製品の開発
③　既存製品の改良・既存製品の品揃え（品目、質量、包装のバラエティ化）
④　既存製品の用途開発

新技術領域へ参入する場合には、自社開発か他企業との提携、買収かを先ず決めることになる。

(3) 目標の設定

開発基本方針を具現化するために必要な目標、着地点を定めることで参入の意義を明らかにする。目標は、①挑戦的であること、②ある程度の合理的根拠があること、③売上・利益間に矛盾の無いことが必要、④事業に対する目標数字に出ない貢献があるか、⑤既存製品にマイナスになることがないか。これらの点についても評価し、新製品だけを独立してみることのないように、既存製品ラインとの相乗効果、カニバリゼーションの推定を含め、既存製品を含めた事業の統合管理を図れるようにする。

設定する項目は次の通りである。

①　販売・利益目標：中長期（三〜五年）の販売予定（見込損益計算）、シェア
②　マーケティング構想

●広　　告：広告目標（知名度）
●流通販売：流通チャネル、取扱店数
③ 生産構想：生産体制（自社、製造委託）、投資金額

(4) 目標達成への課題の明確化

マーケティング・販売上の課題、技術・生産の課題について、開発過程で解決できるかあるいはボトルネックになるか、リスクの評価を明確にしておくことも必要である。

四．コンセプトの形成

この段階では、開発する新製品のコンセプトを決定し、具体的な開発計画の策定を実施する。この段階はマーケティング部門の業務という意見があるが、製品化の可能性については、研究開発部門の情報、意見が必要になるから、両者が共同で実施した方が良いというのが私の持論である。

(一) アイデアの探索

(1) アイデアの生成・収集

製品のアイデアは、これまでの段階でも討議されているだろう。製品領域の設定段階でも具体的

にイメージを作るためには製品について議論されているはずである。しかし、新製品計画の中のアイデア探索は製品領域を定めた後に、システマチックに生成、収集をすることが効率的である。アイデア収集というと、闇雲に人を集めてブレインストーミングすることと勘違いしている向きもあるが、ブレインストーミングはアイデア収集の方法の一つに過ぎない。

ブレインストーミングをしても、いたずらに拡散して（食品は身近な物だけに誰でも一言はいえる）、収拾がつかなくなる、あるいは創造的、具体性のあるアイデアはほとんど得られないことも多い。なぜなら参加者の多数が、常々そのテーマに関心を持っているとは限らないからである。それで、私はこの方法をあまり好まない。

アイデアはメニューだけではない。中味品質、パッケージ、使用法など二次機能、三次機能にも視野を広げて探索しなければならない。アイデアの生成は、担当者自身がアイデアのヒントを収集して、濃密な討議を実施する方が良いように思う。一般人（部外者）からのアイデア収集もそれなりの意味はあるが、ブレインストーミングを実施するにしても、焦点を絞り込んでする方が良いと思う。

製品アイデアのヒントの源には次のようなものがある。

①　消費者情報：社会傾向、食生活実態、外食のメニュー傾向、調理器具の普及度、料理雑誌のメニュー傾向、消費者の声（関連商品に対する満足度、提案・クレーム、創意工夫）

② 業界・他社情報：既存マーケットの大きな商品、成長前期にある商品、強力な競合企業が参入していない商品、他社のヒット商品、他社の開発傾向

③ 流通からの情報：量販店・ＣＶＳ・卸店等からの購買情報、量販店・ＣＶＳ・卸店等の販売施策、新流通チャネルの形成

④ その他の外部情報：輸入食品の動向、海外新製品情報、原材料業者の意見、料理専門家等コンサルタントの意見、家電調理器具メーカーの意見

⑤ 現行事業周辺：既存製品の周辺商品、ブランドの活用、研究開発の成果の活用、流通・物流チャネルの活用、原料の活用、技術の活用、設備の活用、要員の活用、過去の開発品の復活、既存品コンセプトの組み合わせ・分離

⑥ 技術情報：新素材・新原料・新包材の情報、新技術・新生産プロセスの情報、自社技術ポテンシャルへ着目

アイデアの収集は、領域を絞ったならば、後はいろいろな視点からフリーに、出来るだけ多く生成するよう心がける。初めから評価に入ると、アイデアの生成は萎縮して、減ってしまう。

アイデアの発想法にはいろいろな方法があるが、これについては専門書を参照されたい。私は、アイデアの発想は技術論以前に、各自の感性によるものと思っている。感性もまた食品・食生活に

対する関心・知識によって磨かれるものである。

(2) アイデアの選択

アイデアの評価・選定はアイデアの生成・収集以上に重要である。アイデアの生成は知恵を絞る情熱が必要であるが、その選択は事業成功の可能性、技術的実現の可能性を評価する冷静な判断が必要である。

アイデアをコンセプトに立ち上げる道は長いことを認識しなければならない。集めたアイデアは文字通り玉石混淆である。これらは原石と心得て、活かすように磨き上げることが重要である。犯しやすい過ちは、良いアイデアと思い込むと、それに酔ってしまい冷静な判断をしなくなることである。また、社内ニーズに圧倒されると、アイデアの貧困さに目をつぶって、評価をおろそかにして、安直に次の段階に入ってしまうことである。そして傷口を広げてしまう。

前節に従い生成したアイデアは、先ずハード面（製品の機能・特性、製法）とソフト面（使用シーン（消費者・使用者、ＴＰＯ、食べられ方）について明確にし、次いで①に示す項目についてチェックし、新製品の候補を選定する。アイデアについて、ある程度絞り込んだ段階で②の関連する他社製品の調査・評価をする。これも選定の切り口である。それは、①に示した市場特性には他社製品の存在が大きく影響するからである。

① アイデア選択の基準

市場特性：ニーズの明確性
　市場の予測（マーケットサイズ、成長率、ライフサイクル）
　シェア獲得の可能性
　参入の難易
自社特性：事業戦略との一致性
　市場での当社らしさ（ブランドイメージ）
　他の製品／事業への発展性
　技術的優位および技術の発展性
　自社資源（人、モノ、金）の活用性
　関連市場での生産・販売の経験
　開発所要期間

② 他社製品の調査・評価
調査項目：コンセプト（セールスポイント）
　品　目
　製品の形態・性状
　価　格
　賞味（消費）期限

流通・販売条件

評価項目：アイデアの訴求点に重点を置いた各種機能の評価

（食味、使用性（調理時間・使いやすさ）、保存性など）

ここでは関連商品、出来ればアイデアを具現化した試作品（製品とは性状などが乖離(かいり)していても、機能が評価できるような試作品）を作って、使用・試食評価を含めて、アイデアのイメージを具体化した形でのチェックを行うことが望ましい。

(二) 製品コンセプトの策定

選定したアイデアについて、開発すべき製品のアイデンティティを明確にするために製品コンセプトを作成する。製品コンセプトは「基本コンセプト」、「製品ポジショニング」、「製品設計」で構成する。製品コンセプトの作成は、新製品開発においては最も重要なプロセスである。

前述したように、新製品開発の失敗はコンセプト作成の失敗によるケースが多い。試し買いは商品コンセプトにより触発され、リピート購入は製品力によるといわれている。コンセプトの良・悪、製品の良・悪、それぞれの場合の売上推移をモデル的に示したのが図9である。

消費者が新製品を購入する動機は、事前に試用した結果によることは稀で、広告、カタログなど「言葉」によって商品の特性を知って、感覚的にマッチする、知的満足を得たものを選ぶ。すなわ

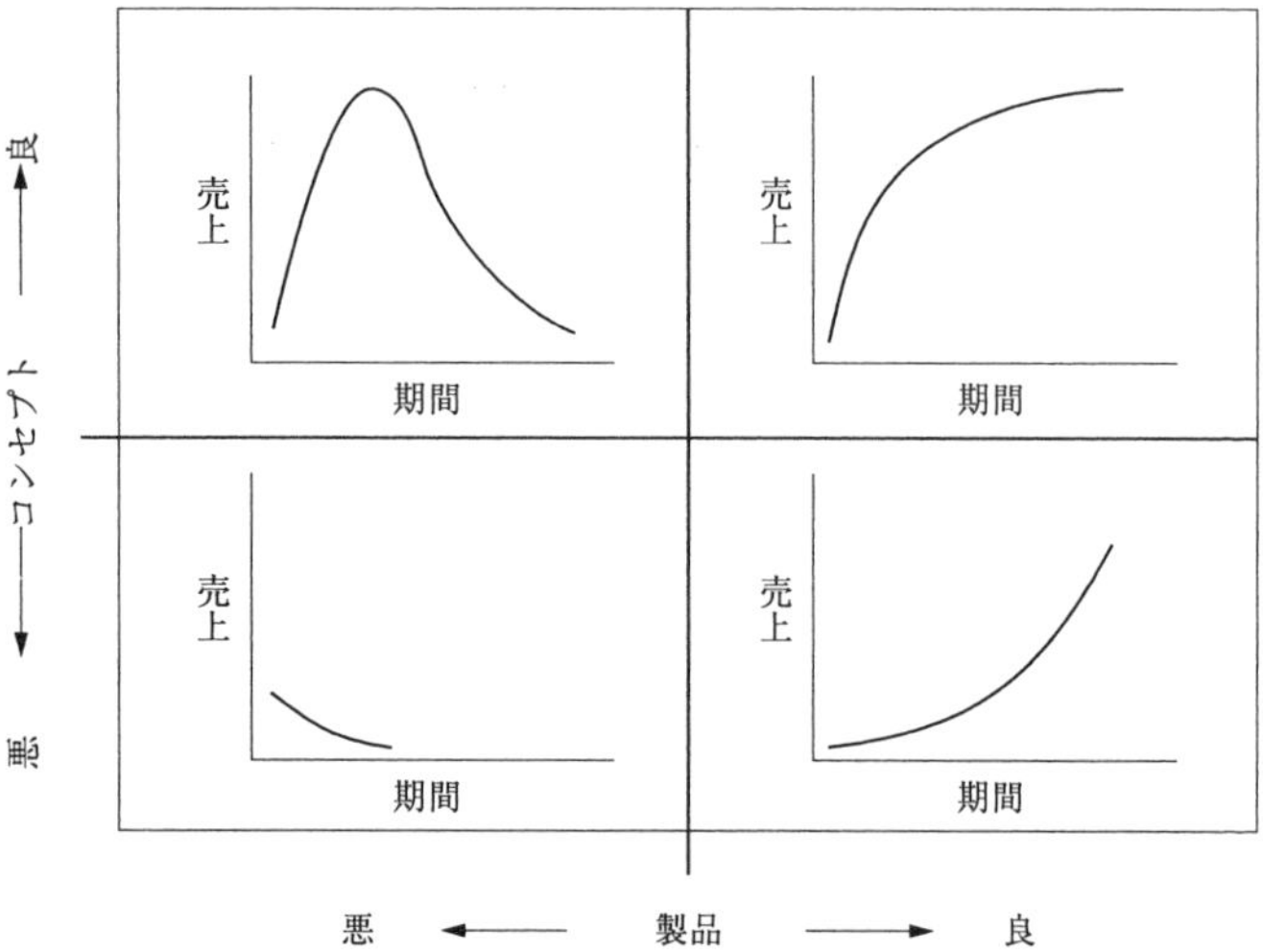

図９　売上推移のパターンにみる製品およびコンセプトの良し悪し

ち、コンセプトによって消費者の取捨選択が行われる。再購入は、製品の特性を評価した結果で行われる。しかし、消費者（使用者でも同じだが）が全ての商品の性能を比較評価するのは不可能である。Price & Value が最も優れた商品を作れば、全ての人がそれを買うというものではない。先ず試し買いされるか否かが、新製品の成功・不成功の分岐点である。製品の訴求したい点を明確に伝えることが重要である。

多種類の商品が溢れている現状では、たとえ良い製品であっても、図９の右下の図のように徐々に売上を伸ばし、最終的に成功するとは限らない。立ち上げで失敗すれば、その商品の良さを消費者が理解する前に店頭から消える運命をたどるであろう。私の経験では、コンセプトの出来・不出来と新製品開発の成功・不成功は密接に相関していると思う。

コンセプトは、社内的には、新製品開発の基準である。そして、社内はもとより、取扱店、ユーザーへの説明あるいは広告の基本でもある。

(1)　基本コンセプト

開発しようとする製品の主要な製品属性（味の特性、機能、製品形態）と使用者にとって重要なベネフィット（benefit：利便性、メリット）が基本コンセプトの要素である。

基本コンセプト＝製品属性＋ベネフィット

基本コンセプトは誰にも理解しやすいように、平易に簡潔に三から四行の文章に表現する。そして製品の特徴（ＣＢＰ（Core Benefit Propositions）あるいはＵＳＰ（Unique Selling Propositions）と呼ぶ）が明確に表現されていなければならない。平たく言えば、セールスポイントをはっきりさせることである。

基本コンセプトの作成は、最初に製品属性、およびベネフィットを摘出し、箇条書きにしてみる。次いでそれを文章化すると良い。

基本コンセプトの作成で苦労するのは、食品に不可欠の食味特性の表現である。「精選された」原料、「当社独自の技術で」製造という表現は単なる枕詞でインパクトがないし、情報性もない。

食味の表現は工夫のしどころである。

基本コンセプト、特にベネフィットは論理性ばかりでなく、情緒的であることも必要である。何故ならばコンセプトは消費者（使用者）の感性に訴求するものだからである。

基本コンセプトは読んでみて、こじ付け、無理、意味不明が感じられるものは、発想に無理があると考えて良い。そのようなものは発売しても結局は市場に受け入れられないであろう。もう一度構想を立て直した方が良い。

(2) 製品ポジショニング

関連・競合する既存の商品と比較して、その新製品が消費者に、どう理解され、どう選択して欲しいかを位置付けることである。言い換えれば、販売を想定している市場で、競合製品とブランドレベルで、どの点で差別化するかを規定することである。

ポジショニングを作るためには、次の事項を理解しておくことが必要である。

① 消費者が当該カテゴリーの商品をどのようにイメージしているか
② 消費者の抱いている多数のイメージの中で選好・選択の上で何が重要か
③ 消費者によって、またオケイジョンによってそれは変動するか

そのためには、正確な調査法としてはパーセプション・マップ[5]の作成という方法があるが、大掛かりになる。簡単な方法としては一〇～三〇名の消費者によるグループインタビュー[注]でも可能であ

る。それも難しいとなると担当者の経験、カンで選好・選択の軸を決めねばならない。これはリスキーと言われるだろうが、熟練者のカンは結構当たるものである。

開発する商品を訴求する機能の軸でマッピング（通常は二軸のマトリックスで図示する）して、既存商品のポジションと明確に差別している（マップ上の距離が離れている）ことを確認する。

（注）グループインタビュー：第三者の意見聴取、評価を受ける方法の一つ。一グループ一〇名弱のパネルに、提題して、自由に討議してもらい、パネルの意見を聴取する方法。

(3)　製品設計

新製品に必要な種々の事項を一括して規定する。各項目は、相互に密接に関係しており、相互に矛盾の無いように調整する。設定すべき項目は表3に示す。

コンセプト作成段階では決められない項目が出ることはある。プロトタイプ作成までに決定すれば良い。

(4)　コンセプトの検証

コンセプトを作成したら、それが消費者のニーズを的確に把握していることを検証しなければならない。想定ターゲットに該当する人をパネルに選定し評価してもらうのが理想であるが、出来ない場合は社内パネルあるいは開発関係者の評価を受けて、的確であることを必ず確認する。アイデ

表3　製品設計の項目

項　目	定義および留意点
① 品　名	製品領域を示す一般名称 新領域の開拓では、用途などCBPを伝えるように名称も開発する。 ・社会通念または法律（JASなど）により決まっているか、または制約が無いか確認
② ブランド	製品のコンセプトの表示、製品の保証、保護に用いる名称 ・既存製品のブランド活用は是否がある ・製品の特徴を伝える ・読みやすく、言いやすく、聞きやすく、覚えやすい ・当世風（流行り）らしさ、商品イメージ ・当社らしさ（統一されたイメージ）
③ 分類・規格	法律（JASなど）による規制にしたがった分類、無い場合は一般食品として扱うあるいは社内分類による。
④ 対象消費者	主に消費する消費者層 ・人口統計的要因、食行動・意識でセグメントする ・特にセグメントしない場合も、販促・広告戦略上、重点を置く消費者の設定は必要
⑤ 用　途	素材型製品の場合は、訴求する用途を明確にする。
⑥ 使用オケイジョン	ＴＰＯの場合、用途の場合がある。
⑦ 品 種 数	中味、包装量の種類の数 ・市場の成熟度、市場規模、店頭でのインパクト、消費者のニーズ、競合、カニバリで決める
⑧ 品　質	強調すべき食味の特徴
⑨ 機　能	強調すべき食物としての１次～３次機能
⑩ 中味形状	液・固、生・冷凍・乾物など
⑪ 質量・容量	包装単位 ・１回当たり使用量、使用頻度、シェルフライフ、販売価格などより設定
⑫ 包装形態	袋・ビン・缶など包装仕様の概要 ・使いやすさ、保存性、製品イメージ、陳列効果・陳列しやすさ、包材・包装・輸送コストで設定
⑬ 保管・流通条件	常温・チルド・冷凍・無酸素・暗所など
⑭ シェルフライフ	製品の特性・流通の都合などで目標賞味（消費）期間を設定
⑮ 標準小売価格	・目標値を設定
⑯ 利 益 率	・目標値を設定
⑰ 製造上の特記事項	法規など規制のある場合、企業の方針で規制を原材料、工程に設定する場合は特記する。
⑱ 表示上の特記事項	法規などの規制、既製品群と異なる表示がある場合は特記する。

ア段階では市場のニーズとされたものが、消費者の建前であったり、思いつきであったりして、具体化したコンセプトにしてみると実際には必要とされないことがある。

コンセプトの調査は、書面で（必要により図をつけて）パネルに提示し、使用意向、購入意向の有無、およびその理由を対面で聴取する方法をとることが多い。

また作成したコンセプトは開発の途上で、消費者の評価あるいは開発上の都合で変更せざるを得ないこともある。コンセプトは不変と硬直的に考える必要はないが、修正は慎重に、そしてオープンにすることが重要である。

(5) コンセプトの作成例

だいぶ以前のことであるが、私が開発に携わった中華合わせ調味料「Cook Do」（味の素株式会社、以下A社という）を例にコンセプトの作成法を記す。かなり昔の話であり、手元に資料が無いので、正確ではないが事例として記憶をたどって、概要を紹介する。

「Cook Do」の基本コンセプトは次の通りである。

中華料理に使われている豆板醤、蚝油、豆豉（トーチ、タウシー）などを合わせてレトルト殺菌した献立別調味料のシリーズである。

肉・野菜などの材料を炒めて、これをかけるだけで専門店の味が家庭で楽しめる。

基本コンセプトは私がここで試作したものであるが、このような趣旨と記憶している。

この商品の開発経過について次に説明する。

一．背景

開発当時（一九七五年）は高度成長の成果の出た時期で、経済力、生活レベルの向上が顕著であった。日本の産業界では購買意欲をそそるような新製品が続々と発売されていた。しかし、食品業界では、一通りの品揃いが出来上がった時期で、成長の鈍化が見られた。

A社では、企業として食品業界のポジションを維持するためには、売上の拡大が必要であった。そして調味料事業として、五〇～一〇〇億の売上を新製品に期待した。

A社食品開発研究所は、企業としてのニーズが顕在化する前から、当時を食品事業の転換期と捉え、今後の事業方向を検討するワーキンググループ活動が若手研究員中心にされていた。そのひとつに「調味料検討会」があった。そこが今後の調味料の方向として提案したテーマの一つが、簡便性を訴求する「用途別調味料」すなわち「〇〇の素」、「〇〇のたれ」の分野への参入である。

これを開発企画担当部門に提案したことから事業部、研究所共同のプロジェクトチームで商品化の具体的検討に入った。

二．市場環境

(1)　調味料の動向

●基本的な調味料の販売量は成熟・停滞

●○○の素、○○のたれが伸長（代表：焼き肉のたれ）

(2)　主婦の調理実態

●夕食のメニュー数は増加傾向

●調理時間は短縮傾向

●加工食品の利用は増加

(3)　主婦の調理意識

●手作り料理を重視する

●メニューレパートリーを増やしたい

●調理時間を短縮したい

この結果より、「調理の合理化と手作りの楽しみが図れる**用途別調味料**」に製品領域を設定した。

三．基本戦略

●A社として新市場への参入

●既存品との品質レベルの差別化

●新製品の自力開発

四．製品領域の設定

(1) ○○の素、○○のたれ類の調査

●市販品のリストアップ

●製造者、販売量、動向など

●製品特性の評価

(2) 「中華料理用調味料」開発の仮説（内容は省略）

●既存品の商品としての完成度、競合関係を検討

●マーケットサイズ、成長性を予測

(3) 仮説の検証（消費者のグループインタビューを実施）

中華料理の喫食実態

●外食の経験は豊富

●家庭でのメニューの種類、出現頻度は少い

中華料理の嗜好

●親しみやすい

●家族みんなが好む

●栄養がある

中華料理に対する意識

●家庭内食として、メニューを増やしたい

●作るのが難しい → 調理は簡単、調味が難しい

五. コンセプトの作成

(1) 基本コンセプトの要素

製品属性

① 中華料理献立別の専用調味料
② 中華用調味料をミックスした専門店の味
③ 調理が簡単
④ 長期保存が出来る
⑤ 一回で使い切り

消費者ベネフィット

① 本格的料理が家庭で楽しめる
② メニューレパートリーが増える
③ 手作り感がでる
④ 調味料の無駄が無い
⑤ 調理の失敗が無い

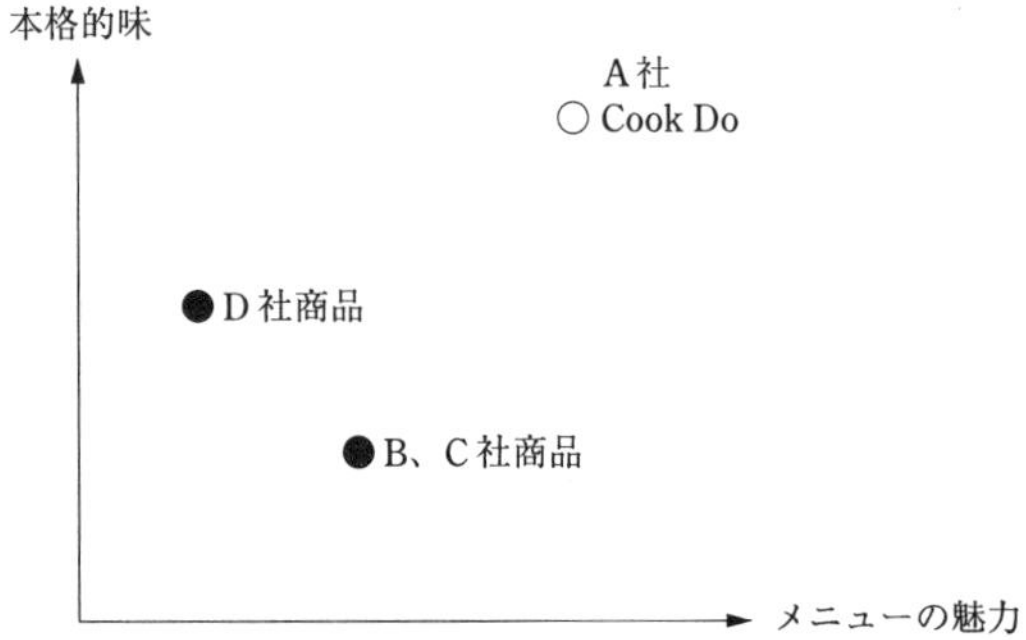

図10　Cook Do の差別化の方向

(2)　競合品との差別化（ポジショニング）

競合品をB社、C社のマーボー豆腐（挽肉、ねぎ入り）D社の中華調味料シリーズに設定し、グループインタビューの結果より、選好の軸を(1)の消費者ベネフィット①および②として、この二軸でポジショニングして、目標とするポジションを定めた。

(3)　製品設計のポイント

品目の選定：夕食の主菜になるもので、ポピュラーな品目・料理店の人気メニューをミックスした。

●ポピュラーメニュー：麻婆豆腐、八宝菜、酢豚

●人気メニュー：青椒（炒）肉絲、干焼蝦仁、回鍋肉（片）

パッケージデザイン：脱インスタント感ということで、シズル感のあるデザインにした（この点でも当時の他社製品のパッケージと差別化を図った）。

競合品との比較で設計上の問題点は、①　簡便性（他社と同じく肉、薬味を加えるか）、②　価格（他社に比べて高い）の二点であった。この点についてはプロトタイプ（後記）について消費者評価を受けて、

①については、材料の家庭での入手性、製品の保存性を考慮した結果、調味料のみとした。

②については、品質の差別化が消費者に評価されたので、高級品として価格差をつけた。

(三)　開発計画の作成

製品コンセプトを作成したならば、開発基本方針、製品コンセプトと合わせて、今後の開発作業の展開方向を明らかにして、開発計画書を作成し、社内の承認を得る。

新製品開発は、経営の先行投資が必要であり、また最終的には多くの部門が参画するので、社内的にコンセンサスを作ることが重要である。販売担当者への説明、意見聴取をして、合意をとることも大切である。開発に関する情報伝達（機密保持を配慮するとしても）は、販売担当者のモラルアップになる。

開発基本計画は次の項目について検討する。

①　開発の背景

●社会・経済・技術環境

●市場の大きさ・成熟度
●市場における当社の競争上の位置
●対象消費者の関連製品の知覚、選好、購買行動
●当社の資源及び政策

②　開発の意義・目的

③　開発基本戦略

④　製品コンセプト
●基本コンセプト
●製品ポジショニング
●製品設計

⑤　販売・利益目標：中長期（三～五年）販売予定（見込損益計算）、シェア

⑥　マーケティング構想
●広告：広告目標（知名度）、メディア
●流通販売：販売先（業種、地域）、チャネル、取扱店数目標

⑦　生産構想：生産体制（場所）、技術導入・提携、投資金額、要員

⑧　開発部門（担当者）：主担当部門／サポート部門とその役割分担

⑨　スケジュール構想：開発の手順、発売時期

開発計画が承認されて、開発作業段階に入るとマーケティング担当と研究開発担当は別れて、それぞれ図７の新製品開発のフローに従い、マーケティング計画から生産販売計画の策定と、試作、量産試作、製造仕様書の作成を実施する。試作・量産試作についてはⅣ章で述べる。その他原材料の購入、エンジニアリング、包装、包装デザイン、広告など他部門が関わってくる。開発への参画依頼は依頼書を発行し、依頼・受理を明確にする。

開発基本戦略によって、研究開発部門の役割、参画の仕方・参加段階は変わるが、この段階から参加する場合には、当然ここで企画部門から開発依頼を受けることになる。

Ⅳ．新製品の試作と工業化

一・試作・工業化のフロー

新製品の試作・工業化は開発計画書に従って、新製品をモノとして具現化し、製造仕様書を完成するまでの段階である。既存製品の改訂、新品目の開発（バラエティ化）の場合は、コンセプトの作成が不要であるから、研究開発部門は企画担当部門より、開発依頼を受けて、通常この段階から参画することになるであろう。依頼の手続も社内的に取り決めると良い。

試作・工業化のフローは図11に示すように、試作研究段階、開発研究（工業化検討）段階、量産試作（工業化）段階に区分する。図には、評価については省略したが、試作のシステムは評価のシステムと言えるもので、各段階において適切な評価（すなわち判断）をしなければならない。

これを実行する心構えは三つある。一つは、製品は自分の作品であるとの誇りを持ち、消費者（顧客）に喜ばれるものを作ろうと努めること、二つ目は、新製品開発は、目的とする製品固有の

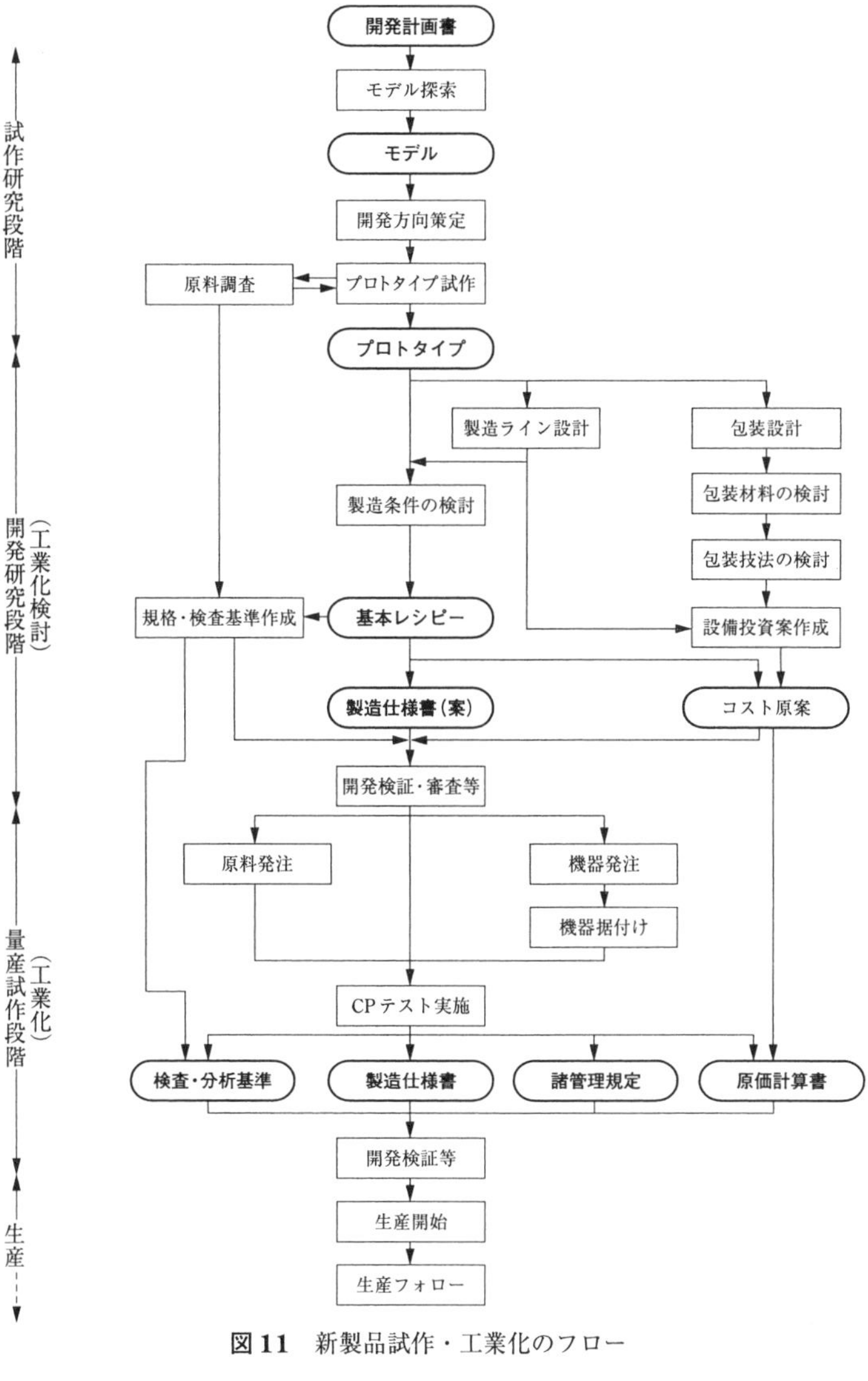
試作研究段階
開発研究段階（工業化検討）
量産試作段階（工業化）
生産
開発計画書
モデル探索
モデル
開発方向策定
原料調査
プロトタイプ試作
プロトタイプ
製造ライン設計
包装設計
製造条件の検討
包装材料の検討
包装技法の検討
規格・検査基準作成
基本レシピー
設備投資案作成
製造仕様書（案）
コスト原案
開発検証・審査等
原料発注
機器発注
機器据付け
CP テスト実施
検査・分析基準
製造仕様書
諸管理規定
原価計算書
開発検証等
生産開始
生産フォロー

図 11　新製品試作・工業化のフロー

製造技術のみならず、工学技術、包装技術、保存技術、品質管理技術のサポートが不可欠であるから、部門間（あるいは担当者間）の連携を大切にすること、三つ目は、商品開発は発売のタイミングがあるので、時間の制約のある業務であることを認識し、進捗を自己管理することである。

一番は精神論であるが、二、三番目のためには、スケジュールを作成する。依頼書を受理した時点では大まかなもので良いが、「開発方向の策定」段階で修正して、正確なものにする。他部門との連携をスムースにとるためには、各担当業務の開発スケジュールは分かり易いように、項目別に図式にする。そして、関係者間に公開することが必要である。図式には、ガントチャート、アローダイアグラムがある。(注)

なお、スケジュールの作成では、一部の項目の実施時期を必要に応じて前倒しすることは良しとする。例えば、原料の訴求をするコンセプトの場合には、原料の入手できることの確認をコンセプト作成段階で確かめることはある。コンセプトを作成するために、モデルの作成をアイデア探索段階で行う場合もある。しかし、実施しなければならないことを先延ばしすることは極力避けるべきである。

（注）参考書：―管理と改善に役立つ―図表とグラフ（石原、五影、細谷　日科技連刊）

二．モデルの探索

(一) モデルの作成

試作研究段階で最初にすることは、最終製品のイメージが伝わるモノを試作することである。そのモノを**モデル**と呼ぶ。コンセプトは言葉であるから、その意味するところを具体的にモノとして示してみなければ本当のところは判らないので、この段階では、基本コンセプトに定められた新製品の属性、消費者ベネフィットをモノで示して、コンセプトが受容されることを確認することが必要である。また、言葉では良いようでも、モノにしてみると意外につまらないこともあるので、先ずモノで確認するのが良い。そのために、モデルを作成する。

モデルは、原料、製造法、コストにはこだわらずに、基本コンセプトに合致した最高のものを試作するように心がける。

はじめからコセコセしたことを考えず、消費者（使用者）に喜んでもらえる製品を作る心構えで、先ず事に当たることが大切である。

開発作業では、先を読み、着地点を想定しがちになるが、無駄なようでも自分がイメージできる理想のものを作ることである。

生産時点で、原料の入手性、設備・作業を含めた製造技術、コストなどに問題が予想されるとしても、それは次のプロトタイプ作成以降の段階で、如何に技術的な工夫をするか、妥協点を探るかを考えれば良い。

プロトタイプ、基本タイプを開発する途上で、消費者評価などにより満足できない結果になった場合には当然レシピーの改良が必要になるが、その時に評価結果からの積み上げをするより、方向性を示すモデルを原点に改良を実施するほうがスムースに、且つ的確に実施できる。

モデルのアイデア・ヒントは次のような処から得られる。

①　自社既存品、蓄積技術
②　料理専門家による試作・レシピー開示、食べ歩き調査
③　料理書、食品製造（加工）学文献、インターネット情報
④　他社類似商品、他のカテゴリー商品

即席食品、調理済食品の場合、ほとんどの食品の起源が料理に発していることから、この中でも、専門家による料理品の試作は有効である。

複数の品目を開発する場合は、当然ながら品目毎にモデルを作成する。

(二) モデルの評価

コンセプト作成段階で、各担当者のイメージしたものが、試作品に具現化されているかを確認す

る。そのためには、コンセプト作成担当者内でグループインタビュー形式によるプロファイルをする。そして、コンセプトを適切に具現化したものをモデルに決定する。該当するものが無い場合は、モデル作成を継続するか、技術的に困難と思われるならば、コンセプトに戻り、その修正を検討する。

評価のポイントは

① 外観、食味のタイプ・特徴、食味（香、風味、味）は良いか。
食味は製品の重要なポイントであって、且つ文章で表現できない微妙なものである。モノを通して論議して、食味の特性を決定する。

② 基本コンセプトを表現しているか。
属性・ベネフィットを消費者が知覚できるモノであることを確認する。

③ ポジショニングは取れているか。
訴求点で既存製品と差別化していることを確認する。

開発品目が複数の場合は、この段階で品種構成についても検討し、候補品目を絞り込む。なお、この段階では製造技術面から製品化が疑問のものも含まれるので、候補品目は開発予定数より一〜三品目位多くしておくと良い。

三．レシピー開発の方向の策定

コンセプト（商品設計）、モデルの特性に基づき開発の方向（方針）を策定し、各業務の担当部門及び担当者、スケジュールを決めて、**試作計画書**を作成する。

効率的に策定するには、フローの順より重要な課題から決定する。川下から遡及（そきゅう）するのが良いことが多い。生産体制（生産場所、技術提携）については、開発計画を作成する段階で論議するのが本来のやり方であるが、修正が必要の場合もあるので、それも含めてレシピー開発の方向を策定する順を次に記す。

(1) **生産場所**を設定する。

① 生産は自社工場か委託（一部委託を含む）か

② 自社工場の場合は生産施設の新（増）設か、既存施設の利用か

③ 委託の場合、委託先は想定しているか、製造フローに合わせて選定するのか即時に決定することが困難な場合は、いつまでに決めるかを明確にする。

生産施設を新設する場合は、別途建屋建設を検討する業務が必要であるが、ここでは省略する。

(2) **技術提携**する場合、提携先の役割期待を明確にする。

(3) **製造設備**は新設するか既存を利用するかを選択する。

(4)　**プロセス**は、①原料配合指向（加工品原料のブレンド主体）、②プロセス指向（一次産品からの加工・製造主体）、③折衷指向（一部を一次産品からの加工・製造）のいずれかを選択する。

(5)　**原料**の選定範囲を決める。
コンセプト上の制約、プロセス、工程のライン化との関連から加工度を決める。

(6)　**コスト**、特に**中味原料費**の目安（目標）を定める。

(7)　**技術的課題**への取り組みの具体策を立てる。
コンセプトを満足させるための技術的課題を明確にする。これについては、**特性要因図**(注)を作成して、問題点・検討事項を明確にすると良い。

課題の難易により、レシピー開発と別建てにして検討した方が良い場合がある。

(8)　**スケジュール**の修正・再確認
開発計画のスケジュールの実施が困難な場合は、スケジュールの修正も有り得る。なるべく部分修正に止め、全体スケジュールに影響のないよう配慮する。

(注)　特性要因図は、工場における不良退治や能率向上など工程管理や改善のために、品質管理に使用されている魚の骨のような図式であるが、新製品開発においても、計画段階で、危険の予知、課題を明確にするために、特性要因図を利用するのは有効である。

参考図書：—管理と改善に役立つ—図表とグラフ（石原、五影、細谷　日科技連刊）

四．プロトタイプの開発

プロトタイプ（原型）とは実験室レベルで作成した試作品（ラボ試作品）の決定版のことをいう。

プロトタイプ作成の目標は、実験室スケールで、製品の中味のレシピーを完成することである。

プロトタイプの作成は、商品設計に基づき、三．レシピー開発の方向の策定で定めた方向に従い、モデルを生産可能な形にアレンジして、原料、配合、製造方法を明確にする。

プロトタイプは商品設計に定められた次の事項を満たすものを作成することになる。

① 品種数
② 品質
③ 機能
④ 中味形状
⑤ 質量（この段階では一人前の分量、または添加量）
⑥ 保管条件
⑦ シェルフライフ
⑧ 中味原料費

(一) プロトタイププレシピーの作成

作成に当たっては、

(1) 原料、製造工程に法規などによる規制の有無を確認し、有る場合は遵守する。

(2) 原料の選定および配合は前頁の②〜⑧が相互に関係することから、モデルの食味の再現を中心に包括的に検討する。

(3) 食味の他にシェルフライフに関係する次の点に留意して検討する。

① 工程、流通で発生する可能性のある化学的、物理的、酵素的、微生物的危害・変化の有無を確認する。

化学的変化
- 油脂の酸化
- アミノカルボニル反応による褐変
- クロロフィルなどの退色など

物理的変化
- 吸湿による固結、溶融
- エマルジョンの破壊
- 澱粉の老化など

微生物的変化
- 腐敗
- 外観の損傷（カビ、酵母）など

酵素的変化
- 核酸系調味料（ヌクレオチド）の分解
- 異臭の発生（野菜など）
- 澱粉の分解（粘度の低下）など

これらの諸変化についてはⅤ章で述べる。製品のシェルフライフは使用原料、試作品の水分、水分活性（Aw）、直接還元糖量などの数値や促進保存試験（Ⅴ章二・四参照）から予測することが必要である。

② 危害・変化の発生する恐れがある場合は、原料配合の変更、添加物の使用、製造工程での排除、包装仕様での対策を定める。

（二）プロトタイプの製造フロー作成

製造フローの作成の注意点は

(1) 試作計画書に基づき、実生産の製造フローを想定して検討する。

(2) 実験室レベルの試作は手作りで細やかな作業工程を入れられるが、生産における作業は大量処理、機械化が前提であるから、単純化を考慮する。

(3) 各工程の物質収支、温度などの操作条件を明確にする（時間は、製造規模、機種によって変動する）。

(4) 各工程で得られる中間製品、製品の性状（外観的、官能的、化学的、物理的、微生物的）を明確にする。

（三）原料の調査

プロトタイプの試作と平行して、購買部門と共同で使用原料の選定を実施する。技術的視点からの原料の評価は、原料としての品質適性の他に、製造者から品質保証書を入手して、次の事項を確認する。

① 法規に適合していること（食品衛生法：残留農薬・動物薬・その他微量化学物質の量、保健機能食品・有機食品など特殊の食品を指向する場合は、その適合性）
② 品質の安全性上に問題がないこと（毒性（発癌性など）の疑義の有無）
③ 製造方法に問題がないこと（製造に使用する原料、製造工程、設備などの確認）
④ 品質が安定していること（製造者の規格の管理幅）
⑤ 保存性に問題がないこと（開封前および後の保管条件の確認）

（四）プロトタイプの決定

実験室の試作が進捗して、担当者として満足できる段階になったら、プロトタイプを試作して、その適性を評価する。評価項目は、表４の通りである。

表4　プロトタイプの評価項目

項　目	内　容
1. 食味評価	外観、香、味、食感の嗜好について社内パネルによる官能テスト
2. 使用性評価	使用マニュアルの妥当性、簡便性、使用性
3. 保存性評価	化学的、物理的、微生物的保存性の促進試験 *
4. 原料評価	入手性、適法性、安全性、品質安定性、保存性、
5. 製造フロー評価	機械化・自動化・ライン化性、既存設備の利用性、設備投資概算
6. コスト評価	中味原料費の試算

*プロトタイプの包装は中味を入れる包装（個装）のみで良い。包装材料については未検討であるから、バリヤー性の高いものに充填する。

評価の結果が満足する、あるいは許容できるものであれば、ターゲットの消費者を対象に、コンセプト受容性と合わせて、ホームユーステスト(注)による評価を受けると良い。それが困難な場合はターゲットに近い社内関係者に評価を依頼する。

業務用商品の場合は、取引関係、業界における影響力などから特化したユーザーにサンプル配布をして評価を受けるのが良い。

ホームユーステストを含めたプロトタイプの評価は、新製品の開発においてはコンセプトの評価と双壁をなす重要な管理点である。

それらの評価結果が満足するものであれば、試作品をプロトタイプに決定する。そして開発候補品目をマーケティング担当部門と協議して選定し、次の段階に移行する。

また問題点があれば、商品設計を含めて再検討を実施する。もしも、満足できる結果が得られる見通しが立たなければ、コンセプトの策定に差し戻すか、開発を中止するか検討しなければならない。

（注）パネルの家庭などに一週間程度留置し試用してもらい、食味、使用性、使用意向、購入意向などを評価してもらうテスト。

五．基本レシピーの開発

プロトタイプのレシピー、製造フローに基づいてスケールアップ化を検討し、製造技術、包装技術を確立する。**基本レシピー**とは生産の基本となるレシピーを意味する。スケールアップの検討では、中味の製造と包装に分けて検討する。この節では中味の製造について述べ、包装については次節で扱う。

（一）製造機器の検討

(1) プロトタイプの製造フローに基づき、各工程で使用する機器の選定をする。機能、生産能力、耐久性、販売・使用実績、価格が選定の基準になる。

(2) 各機器の使用適性をチェックする。

- 機能、能力の他に食品製造用としての適性（材質の安全性、洗浄のし易さ）を評価する。

(3) 各機器を組み合わせて、ライン化を検討し、必要な設備、機器の一覧表（Machine List：

機器名称、機種、製造者、能力などを記入）とラインの流れ図（ＳＦＤ（Simple Flow Diagram：機器を記号的略図で示す）を作成する。

● 機器の能力（キャパシティ）は、後工程ほど大き目にするのが原則である。

● ライン化には直接製造に関わる機器の他に、ユーティリティ設備、輸送機器、貯蔵タンク、篩（ふるい）、バルブ、パイプ、計測器などが必要。

(4) 製造場所の検討をして、**敷設レイアウト**を決め、図示する。

(5) 次項に述べる中味製造の単位操作条件の検討により、基本レシピーを確立し、新規設備計画案、施設の工事計画案を作成する。

(二) 中味製造の単位操作条件の検討

(1) 前項の製造機器の検討で定めた機器を用いて工程ごとに操作条件を検討し、形状、食味、外観などから、機械の適性に合わせて、至適操作条件を定める。

● ＣＰ（Commercial Plant：生産設備）が、五トン、一〇トンの場合は小型のＢＰ（Bench Plant 一〇〇キログラム～一トン）で検討する。

● 操作条件の基本要素は、時間、温度、圧力、速度である。

● 併せて物質収支（material balance）をとる。

● 原料配合の修正、機器の追加の有無を検証する。

(2)　スケールアップ試作品について、プロトタイプと比較して差異の有無を識別評価する。評価項目は①食味、②保存性である。変更した原料がある場合は原料評価をする。結果に問題のある場合は、機器、操作条件にフィードバックする。満足する結果が得られたら、それを**基本レシピー**に決定する。そして次の段階に移行する。

(3)　**工程管理基準（案）**を作成する。

● ①次の工程に移行する可否の判定の基準、②次回の生産の参考にするためのメルクマールを定める。

①は迅速に結果の出る項目を選定する。たとえば、pH、ブリックス（Brix）、外観、官能評価

②は出来栄えのメルクマールになる項目を選定する。たとえば、微生物数、酵素活性、物性値

● 管理幅は、製品の目標品質を満足する範囲内に収まるように設定する（仮規格値）。そして、それが管理限界線（±3σ（標準偏差））に収まることが必要である。工程能力指数（Cp値）の概念を取り入れて、問題があると予測される場合は製造法・検査法の見直しをする。

（注）その工程のバラツキを表わす管理限界線と、規格値との関係を表わす指数を工程能力指数（Cp値）という。

Cp値＝（上限規格値(Su)）－（下限規格値(Sl)）／6σ

● 滞留許容時間、カットポイント（翌日以降に次の工程に移行するために一時保管する工程）

表5　工程能力指数（Cp値）と管理の対応

Cp	評　　価	対　　　応
Cp≧1.67	工程能力は非常にある	管理の簡素化が出来る
1.67＞Cp≧1.33	工程能力は充分にある	適正な状態なので維持する
1.33＞Cp≧1.00	工程能力はまずまずである	必要に応じて管理法・工程改善をする
1.00＞Cp	工程能力は不足している	不良品が発生するので工程改善をする

を定める。

- 機器のトラブル発生時の処置法を策定する。
- 不良品の処理法を策定する。
- 原料、中間製品、製品のロットと製造履歴の追跡が出来る仕組みを作る（ロットの管理）。

（三）規格・検査基準の作成

(1) 前項の中味製造の単位操作条件の検討結果より、**原料**および**製品の中味の規格**（案）を作成する。

(2) 規格の項目は、中味の性状、食味、安全性に関わる項目で構成し、官能評価、理化学的特性値（pH値、食塩含量（%）など理化学検査によって表されるその製品の数値）、微生物特性値（微生物の数値、たとえば大腸菌数）で表現する。

(3) **規格項目**は、原則的には出荷までに検査を終了できる項目に限定する。品質改善、安全性の更なる確認に供するためにチェックする項目は**分析項目**とし、規格から除外する。

(4) 規格値は、Cp値に基づいて、管理幅を明確にする。数値化できないものは、検査時に標準とするサンプル（**標準サンプル**）、さらに出来れば合格限界を示すサンプル（**限度サンプル**）を定める。

● 管理幅は、数値化されるものは生産をスムースに実施するために、古くは平均値の±3σ（標準偏差）にする（合格率九九・七％）考え方であったが、現在では、顧客が許容する品質バラツキの範囲を優先して決めねばならない。

● 官能検査項目の管理幅は、基準を明確にしなければならない。基準値は評点法で良いが、その点数の意味するところを明確に定義しなければならない。例えば「官能検査（n＝二〇位）により五％危険率で有意差がないこと」など。この段階では推定して仮設定する。

(5) **検査基準**、**分析基準**は、検査ロット、検査頻度、サンプリング法、検査項目、検査法、合否判定基準（分析項目にはない）で構成する。

六．包装の検討

（一）包装のプランニング

包装には、工業的機能と社会的機能、商業的機能が必要である（Ⅵ章参照）。

包装設計は、コンセプトの商品設計に従って、包装材料、包装技法を検討し、包装仕様を策定する（包装デザイン、表示についても同時並行で検討しなければならないが、ここでは商業的機能については試作・工業化の担当外として省略する）。

包装設計は、食品の中味、流通条件に影響されるので、マーケティング、レシピー、包装担当部門間で十分な協議が必要である。

(二) 包装材料の検討

包装材料の種類、要件の要点は次の通りである。

(1) 包装材料は商品設計に従い、要件を満たすものを選定する。その際には包装技法も同時に決定する必要がある（包装材料、包装技法のいずれを優先するかはケースバイケースである）。

(2) 中味と接触する包装材料（個装）については、中味を充填し（充填した後に殺菌などの処理をする場合には、その処理を行う）、中味の保護性、中味および処理による包材の変質について検討する。

(3) 次いで保存試験を行い、中味及び包材の劣化の有無を確認する。そして問題がある場合には、包装材料の変更あるいは中味の変更（レシピー担当と協議して）を検討する。

● 保存試験には、①流通条件下、②促進温度、③光照射試験などがある。

(2)、(3)に関する包装材料の評価項目は表6の通りである。中味の評価項目はプロトタイプの項参照。

表６　個装の評価

項　目	内　容
外観観察	変形、変色、剥離、ピンホール、帯電による汚れ
強度試験	落下試験、圧縮試験、輸送（振動）試験
バリヤー性試験	吸湿、酸素透過、光透過、保香（中味の香の漏洩）
官能試験	中味の着香
使用性試験	開封性、重量感

表７　内装・外装の評価

試験項目	評 価 内 容
保存試験	変形、変色、剥離、帯電
落下試験	破損、変形、個装の損傷
輸送試験	破損、変形、個装の損傷
積載試験	破損、変形、個装の損傷

表８　包装仕様書

分　類	項　目	内　容
個装	名称又は形式	例）平パウチ
	包材	材質、形状、寸法
	印刷・ラベル	賞味（消費）期限・製造日表示形式、印字位置、ラベル添付位置
内装	名称又は形式	例）中箱
	包材	材質、形状、寸法
	印刷・ラベル	賞味（消費）期限・製造日表示形式、印字位置、ラベル添付位置
外装	名称又は形式	例）段ボール箱
	包材	材質、形状、寸法
	包装法	入り数、入れ方、仕切、ラップなど
	印刷・ラベル	賞味（消費）期限・製造日表示形式、印字位置、ラベル添付位置

(4)　内装、外装は、振動・衝撃的外力から個装を保護することが工業的な主機能である。また個装の表面保護および相互の接触防止を図る役目もある。(3)の結果によっては、緩衝材、防湿材、仕切材およびその様式を検討する。故に、包装自体の安定性と中味の保護性の評価が必要である。個装（場合によってはダミーを使用）、内装を包装して落下、輸送、積載、保存の試験をする。内装、外装の評価項目は表7の通りである。

(5)　包装仕様書の作成
(1)～(4)の検討結果を以って、**包装仕様**（個装、内装、外装）を決定する。包装仕様は表8の内容で構成する（デザインは決定後に追加する）。

(三) 包装技法の検討

(1)　生産に使用する機種（個装、内装、外装用）を選定する。

(2)　個装用包材については、製品中味あるいはダミーを使用して、充填試験を実施し、表9の項目について評価して、充填・包装条件を定める。
包材の機械適性に問題があれば、包材または包装機の変更をする。

(3)　内装、外装用包装材料の機械適性については、ダミーを使用して(2)と同様の評価をする。

表9　包装技法の評価

項　　目	内　　容
機械適応性	滑り・曲げ・折り畳み性、変形、瑕疵、
封　緘　性	封緘強度、シール幅（軟包材）、巻締め状態（缶詰）など
充　填　性	重量バラツキ、具材の噛み込み、不良率（その内容）
作　業　性	充填速度、トラブル発生頻度
印刷状態	印字の状態、印字位置のズレ、印刷のムラ

(4) 各機器を組み合わせてライン化を検討し、**Machine List**、**SFD (Simple Flow Diagram)** を作成する。

● ライン化には直接包装に関わる機器の他に、輸送機器、貯蔵タンク、篩、バルブ、パイプ、計測器などが必要。

(5) 製造場所の検討をして、**敷設レイアウト**（手包装の場合も）を決める。

(6) 以上の検討結果を以って、設備投資計画案を作成する。

(7) 工程管理基準（案）の作成

(2)(3)の結果に従い、機種、充填・包装条件を選定したならば、**工程管理基準（案）**を作成する。

● 工程管理基準は、①次の工程に移行する可否の判定、②次回の生産の参考にするメルクマールである。

①は迅速に結果の出る項目を選定する。たとえば、目視、計量、落下試験

②は出来栄えのメルクマールになる項目を選定する。たとえば、封緘（ふうかん）強度

(四) 規格・検査基準の作成

(1) (二) および (三) の結果より、**製品の包装規格 (案)** を作成する。

(2) 規格の項目は、包装仕様、中味質量、外観、強度、表示に関わる項目で構成し、目視、理化学的特性値で表現する。

(3) 規格値は出荷までに検査を終了できる項目に限定し、品質改善、安全性の更なる確認に供する項目は分析項目とし、規格から除外する。

(4) 規格値は管理幅を明確にする。
中味質量は、先ず計量法に定めるところに従わねばならない。

印字状態など数値化できないものは検査時に標準とするサンプル **(標準サンプル)** さらに、出来れば限界を示すサンプル **(限度サンプル)** を定める。

(5) **検査基準**、**分析基準**は検査ロット、検査頻度、サンプリング法、検査項目、検査法、合否判定基準 (分析基準には設定しない) で構成する。

● 包装状態の確認は、製品の抜き取り検査ではあまり意味がない。工程内で検品する方法が有効である。

七．開発研究段階の総括

（一）製造仕様書（案）の作成

四、五の検討結果に基づき、ＣＰフローを想定して**製造仕様書（案）**を作成する。製造仕様書は、**原料配合、製造フロー、ＳＦＤ、原料・包装材料・製品規格、工程管理基準、技術指標**（作業の要領を記す）で構成する。新品目の開発などの場合で、量産試作を必要としない場合は、技術指標に替えて**作業標準**を作成する。

（二）コスト原案の作成

新製品開発においては、販売量と利益が最も重要な案件である。そのために製品の工場コストを試算する。一般的にコストを構成する項目を表10に記す。

費用の仕分けについてはいろいろのケースがあるので、自社の経理担当者と協議すると良い。

原価の計算単位は円／個、円／c/s、円／kg、円／年などがある。原価は、年ごとに生産数量、減価償却費が変動するので、三か年位の推移を出すと事業としての成算が分かり易い。

表10　製造原価を構成する項目

分類	項　目	定　義
変動費（V）	中味原料費	加工助剤を含む全原料費（歩留、ロスを含む）
	包装材料費	包装に用いる全材料費（ロスを含む）
	ユーティリティ費	電気、重油、水道の費用
	保管料･運賃	営業倉庫への預け賃と工場が負担する運賃
	委託費	加工･出荷など委託する経費（契約により出来高払いの場合は変動費、定額の場合は固定費になる）
固定費（F）	労務費	製造の直接要員の賃金給与と福利厚生費
	消耗品費	機器部品など消耗品の費用
	修繕費	施設、機器の修理の費用
	賃借料	施設、機器を賃借する場合の費用
	雑　費	通信費、事務用品費など上記に含まれない費用
	減価償却費	製造に使用する設備･機器の償却費 建屋：35～45年定額（構造により異なる） 設備：9年定率償却（年22.6％）又は9年定額（年11.1％）
	一般管理費	直接要員以外（事務、品管など）の費用
	税･保険	固定資産税、火災保険など
	（研究開発費）	コストに入れる場合がある

［参考］その他のＰ／Ｌ（Profit & Labor）用語

限界利益：純売上高－変動費

貢献利益：限界利益－直接固定費（固定費より一般管理費、税・保険を除く）

その他に、商品別利益、全社利益などがある。

(三) 開発の検証、妥当性の確認の実施

開発の検証、妥当性の確認は、開発計画に基づいて実施されていることを確認するために行う。企業としてのルール（どの段階で、だれが審議し、承認するか）を制定し、公式に実施し、承認を受けることが望ましい。

開発の検証においては、①開発計画書の要求事項を満足しているか、②原料・包材、製造法、製造設備、製品が法規を逸脱していないか、③社会的受容性を満足しているかなどについて検証する。

妥当性の確認は、マーケティング部門あるいは依頼者（販売担当者、顧客）にサンプルを提示して、コンセプトあるいは製品の受容性を満足していることの評価を受ける。

なお、この段階においても、顧客（消費者、ユーザー）の受容性を確認するための社外テストなどを実施する必要がある場合もおこる。

(四) 開発研究のアウトプットの承認

(三) と同様に、研究開発のアウトプットについて、企業として公式に審査を実施し、承認するルールを制定することが望ましい。

製造仕様書（案）、コスト原案、設備投資（案）、開発の検証・妥当性確認結果、サンプルを提示し、製造上に問題はないか、次にステップアップして良いかについて審査を受ける。承認されたな

らば、原材料・設備の発注を行い、量産試作にステップアップする。

八．量産試作の実施

量産試作は目的品質の製品が生産可能であることを検証するために、生産設備を使用して製造を行う。そして、問題がある場合は、製造仕様書の修正を実施する。

量産試作は、研究開発部門の担当（責任が所在）であるが、生産担当部門（工場、製造委託会社）が参加して、共同で実施することが多いようである。確かにその方が開発から生産への引継ぎが円滑にできる。品種のバラエティの開発の場合など、既存製品と原料配合、製造フローがほぼ同一の場合は量産試作を省略することは可能である。

（一）原料・設備の発注

審査終了後、原料、設備を発注し量産試作の準備に入る。多くの場合、設備投資の稟議を提出し、承認されたら発注するのが企業としての決まりだろうが、新規設備は納入所要期間が長いので、金額、事業化の可能性などを判断して、必要により前倒し（仮発注）を考える必要がある。これはそれぞれの企業が決めることである。

(二) 施設の工事、据付け、試運転

生産施設の整備が完了し、新規購入機器が納入されたらば、据付け工事を実施、機器の（水）運転を行って、検収を実施する。

(三) 量産試作（CPテスト）

(1) 製造仕様書（案）に定められた原料、包装材料、原料配合、製造フロー、工程管理基準、技術指標に従い試作を実施する。

● 量産試作計画を作成し、試作内容、スケジュール、担当者を決める。チェック項目も事前に作成する。

● 試作への参加者は、指揮者（責任者）、作業者、データ採取者（工程担当および検査・分析担当）、立会い者（生産担当責任者）で構成する。

● 試作量は、バッチ（Batch）運転の工程はバッチ単位で、連続運転工程は半日単位程度が良い。

● 量産試作の着目点は、BPテスト製品の再現、工程間の連結性、運転の連続性、製造の安定性である。

● 各工程の出来栄え、バラツキの程度をチェックして、各機器の運転条件を修正、決定する。

●各工程の要員配置、作業時間、物質収支（ロス）をチェックする。
●作業標準（作業マニュアル、管理点）を作成する。

(2) 量産試作品について、検査・分析基準に従い評価する。試作品の出来栄えに最も関係する外観、食味、物性については、実験室レベルで作成した標準サンプルと比較して差異の有無を十分に評価することが重要である。保存性についても確認試験をする。

(3) 製造仕様書（案）、検査分析基準（案）の妥当性を検証して、不具合な点があれば、それぞれの修正を行う。

(4) 量産試作結果を生産担当部門と総括して、改善点、技術的課題を明確にする。そして解決策を立案して、生産開始前に解決することと生産開始後に改善を図ることに分けて検討スケジュールを立てる。

九．生産準備

（一）製造仕様書、管理規定などの文書の作成

量産試作の結果に基づいて、**製造仕様書、検査・分析基準**を決定する。データ不足などで決定が困難な項目は、「暫定」とする。

表11　新製品の生産に必要な文書

分　類	項　　目	要　　点
開　発	製造仕様書	原料配合、製造条件などの確認と修正
	作業標準書	作業手順の文書化（トラブル対策の明記）
	工程管理基準	評価基準（特に官能項目）の明確化
	製造委託契約書	責任の所在、製品の引渡、機密保持の明確化
製　造	要員配置図	CPテストの結果に基づき、初版の作成
	作業タイムスケジュール	CPテストの結果に基づき、初版の作成
	設備･機器保守管理規定	CPテストの結果に基づき、初版の作成
	原料･包装材料の管理規定	取扱、保管のマニュアルの作成
	製品の出荷管理規定	取扱、保管、引渡しのマニュアルの作成
	不適合(不合格)品の処理規定	再利用、他用途への転用、廃棄のマニュアル
品質管理	原材料･製品規格	検査データ不足の場合は暫定規格とする
	検査基準	項目、頻度、判定基準などの確認と修正
	不適合品の特別採用基準	基準、設定根拠、責任の所在の明確化
購　買	購買契約書	責任の所在、原材料の納入法、検証権限
	品質保証書	仕入先より入手、(検査基準との整合性)
	仕入先管理規定	受入れ管理方式、仕入先の評価

これで、開発を終了とし、生産に移行するのであるが、この段階では、生産担当工場など関連部門と共同で、生産に向けて規定などを整備する。内容はJIS Z 9001に準じることが好ましい。表11に標準的な規定・マニュアル類を示す。

(二) 開発の検証、妥当性の確認の実施

量産試作の結果、原料、包装材料、製造法、製品規格に変更がある場合は、開発の検証、妥当性の確認を再度実施する。

(三) 採算検討の実施

製造仕様書が完成し、直接・間接要員、生産数量、収率（ロス）がほぼ明確になったこの時点で最終の原価試算を実施し、採算性を確認する。

(四) 要員教育などの実施

生産担当部門は、原料・包装材料の発注、製造・検査要員の教育など生産開始に向けた準備を実施する。開発担当部門は、これに協力する必要がある場合もある。

一〇．生産フォロー

生産が開始されると新製品は研究開発部門から生産担当部門に移管されるが、生産開始期には各種のトラブルが発生することが多い。そのため研究開発部門は、生産が安定するまでトラブルの解決、工程などの改善のために生産担当部門を支援し、生産が安定した後に完全に移管することが望ましい。

また、規格、規定のうち量産試作段階で「暫定」としたものについては、遅くとも半年後までには「正式」にする。

V．食品開発の共通技術（一）加工食品の保存技術

新製品開発をするに当たっては、食品それぞれの固有の製造技術が当然必要であるが、どの食品にも共通する技術もある。たとえば製品の劣化防止に関わる不可欠な技術として食品の保存技術と包装技術がある。

食品の変質の要因には、微生物作用、化学作用、物理作用がある。変質は食品固有の性質に依存するところが大きい。

変質を防止する方法は、①食品中の変質の要因になるものを原料、配合、製造工程で除去するあるいは作用を抑制することで、食品自体を改質する方法と②食品の変質を起こすあるいは促進する衝撃、光、酸素、湿度などを除去・遮断して食品の環境条件を改善する方法との二つに分かれる。保存技術は①の食品の変質劣化を防止し、包装技術は②の食品を損傷から保護する技術である。

加工食品においては、食味のハイレベルのものが要求されており、商品は出来る限り品質、鮮度の良い状態で消費者に届ける必要がある。そのためには旧来からの流通の改善によっても解決できるが、流通の環境整備もコストとの関係で自由に出来るわけではない。商品の品質保持は依然重要

な問題であり、且つ高度な技術が要求されている。

そもそも加工食品は、食品の保存を目的に開発されたもので、現在でも製造直後に使用されることはなく、必ず流通・保管を経て使用されるわけであるから、新製品の開発においては、その商品の流通・保管条件に対応した保存性を付与しなければならない。

食品の劣化の中では、微生物による危害が、最も大きな被害を起こす。特に病原微生物・食中毒菌による被害は重大且つ拡大する深刻な危害である。しかし、微生物の作用は正確な知識に基づいて、計画的に対処をすれば、コントロールは可能である。一方、化学的、物理的作用は人身被害にまで及ぶことは稀であるが、食味を損ない、商品の信用を失う結果となる。しかし、これには根本的対策が無い場合が多く、対症療法をとらざるを得ないのが現状である。商品開発に当っては、これらの危険性を予知して、然るべき対策をとることが不可欠である。

食品の保存技術については本章で、包装技術についてはⅥ章で触れる。

一．微生物コントロール技術

（一）食品の微生物による変質

(1) 腐　敗

食品が微生物の培地となり、微生物が増殖すると、直接健康には影響ないが、食品の外観、食味、

タンパク質 → ペプトン → ペプチド → アミノ酸
- 脂肪酸 → 炭酸ガス、水素、メタン
- アンモニア
- フェノール、クレゾール、インドール、スカトール、アミン、硫化水素、メルカプタン、炭酸ガスなど

炭水化物 → グルコース →
- 乳酸、酢酸、ギ酸、コハク酸 → 炭酸ガス、水素
- アセチルメチルカルビノール
  - ジアセチル
  - 2・3ブチレングリコール
- 酪酸、アセトン、ブタノール、エタノール

図12　腐敗産生物

栄養を阻害する。一般的腐敗現象は、ネト、異臭、酸味、ガスの発生である。酵母（特に産膜酵母）、カビはコロニーの生成で外観を損ねる。

微生物の増殖の過程で産生される腐敗産生物は、食品の成分、食品の置かれた環境、微生物の種類によって変化する。腐敗産生物とは、図12に示すようにタンパク質、炭水化物が分解されて生成したアミン、アンモニア、硫化物、有機酸、アルデヒド、インドールなどである。

(2) 食中毒

食中毒とは「飲食物の摂取に伴って発生する胃腸炎を主症状とする急性の健康障害」と定義づけられている。わが国では経口伝染病と細菌性食中毒とを明確に区別しているが、諸外国においては区別せず、経口感染症と毒性物質の経口摂取による中毒とを合わせて食品媒介性疾患と呼んでいる。

食中毒の原因物質が、細菌である場合を細菌性食中毒という。それは細菌そのもの（感染型食中毒）と細菌が増殖しな

表12　細菌性食中毒の特徴とその原因

細　菌	疾　病	食品,環境における分布
腸炎ビブリオ	胃腸炎、循環器障害	沿岸海水、魚介類
ビブリオ・コレレ	胃腸炎、敗血症	河川水、沿岸海水、魚介類
ビブリオ・ミミカス	胃腸炎、敗血症	河川水、沿岸海水、魚介類
ビブリオ・フルビアーリス	胃腸炎	河川水、沿岸海水、魚介類
サルモネラ	胃腸炎、菌血症	卵、卵製品、食肉
カンピロバクター・ジェジュニ	胃腸炎	食肉（鶏）、飲料水
カンピロバクター・コリー	胃腸炎	食肉（鶏）、飲料水
病原大腸菌	胃腸炎	飲料水、糞便
エルシニア・エンテロコリチカ	胃腸炎、発疹	食肉、愛玩動物
エロモナス・ヒドロフィラ	胃腸炎	飲料水、水産食品
エロモナス・ソブリア	胃腸炎	飲料水、水産食品
プレジオモナス・シゲロイデス	胃腸炎	飲料水、愛玩動物
ウェルシュ菌	胃腸炎、創傷感染症	土壌、糞便、加熱食品
ボツリヌス菌	神経麻痺症状、創傷感染症	土壌、食肉製品、水産食品
黄色ブドウ球菌	胃腸炎(嘔吐)、化膿性疾患	化膿創
セレウス菌	胃腸炎	米、小麦粉、豆類
ナグビブリオ	胃腸炎	魚介類

がら産生した毒素（毒素型食中毒）によるものとに分けられる。前者の代表的なものは病原性大腸菌、後者は黄色ブドウ球菌である。

わが国ではその代表的な原因菌として表12に記した一七菌種をあげている。

微生物による危害には、細菌のほかにカビの産生する毒素によるものがある。わが国ではあまり注目されていないが、致死性の中毒を起こすこともある。代表的なものは落花生毒と呼ばれる*Aspergillus flavus*の産生するアフラトキシン（発ガン性）である。

（二）微生物の生育

微生物の生育には、栄養素、水分、温度、pH、酸素（好気性菌の場合）が必要である。食品は一般には栄養リッチな培地であり、その組成バランスを、食品の特性を維持しながら変えることは容易ではないが、食味に影響しない範囲で、微生物の生育条件を取り除くことによって生育を阻止することを考える必要がある。そのためには、微生物の増殖と水分、温度などの関係を理解する必要がある。

(1) 水　分

食品中の水分含量が微生物の生育に関係していることは良く知られている。しかし厳密にいえば、水分には食品成分と結合している**結合水**と束縛されてない**自由水**があり、微生物が利用できる水分は食品成分と結合していない自由水である。微生物が利用できる水分の量的バロメータとして**水分活性Aw**（water activity）を使用する。Awは一定温度における密閉容器内の食品の蒸気圧（P）とその温度における純水の蒸気圧（P_0）との比で表わされる。

$$\mathrm{Aw} = P/P_0$$

微生物は水分活性が下がると生育できなくなる。食品関連微生物の増殖する最低水分活性値を表

表13　食品微生物の増殖に必要な最低水分活性[6)]

細　菌	*Pscudomonas fluorescens*	0.95～0.97
	Clostridium botulinum type E	0.97
	Clostridium botulinum type A	0.93～0.95
	Clostridium botulinum type B	0.94
	Salmonella newport	0.94～0.95
	Escherichia coli	0.94～0.95
	Lactobatillus vilidescens	0.95
	Bacillus subtilis	0.90～0.95
	Bacillus megaterium	0.92～0.94
	Bacillus cereus	0.92～0.93
	Enterococcus feacalis	0.94
	Micrococcus roseus	0.905
	Staphirococcus aureus	0.86～0.89
	Pediococcus halophilus	0.81
	Halobacterium salinarium	0.75
酵　母	*Canndida utilus*	0.94
	Schizosaccaromyces sp.	0.93
	Saccaromyces cerevisiae	0.90
	Rhodotorula sp.	0.89
	Endomyces sp.	0.885
	Debaryomyces hansonii	0.88
	Zygosaccaromyces bailii	0.80
	Canndida versatilis	0.79
	Canndida etchellsii	0.79
	Zygosaccaromyces rouxii	0.62
カビ・不完全菌	*Mucor plumbeus*	0.932
	Rhizopus nigricans	0.93
	Botrytis cinerea	0.93
	Penicillium sp.	0.80～0.90
	Cladosporium herbarum	0.88
	Aspergillus oryzae	0.86
	Asp. flavus	0.86
	Asp. niger	0.80～0.84
	Asp. glaucus	0.70～0.75
	Eurotium repens	0.70～0.71
	E. rubrum	0.70～0.71
	Monasucus (Xeromyces) bissporus	0.61

表14　各種食品のAw[7)]

生鮮・多水分食品		中間水分食品		低水分・乾燥食品	
野菜・果実	0.99～0.98	サラミソーセージ	0.83～0.78	貯蔵米	0.64～0.60
魚介類	0.99～0.98	いわし生干し	0.80	小麦粉	0.63～0.61
食肉類	0.98～0.97	イカ塩辛	0.80	煮干し	0.58～0.57
卵	0.97	ジャム・マーマレード	0.80～0.75	クラッカー	0.53
果汁	0.97	醤油	0.81～0.76	香辛料（乾燥品）	0.50
かまぼこ	0.97～0.93	味噌	0.80～0.70	ビスケット	0.33
チーズ（ナチュラル）	0.96	蜂蜜	0.75	チョコレート	0.32
パン	0.96～0.93	ケーキ	0.74	脱脂粉乳	0.27
ハム・ソーセージ	約0.90	ゼリー	0.69～0.60	緑茶	0.26
塩サケ	0.89	裂きイカ	0.65	乾燥野菜	0.20

13に、主な食品の水分活性を表14に示す。

微生物が増殖する最低水分活性は、細菌ではおよそ〇・九一、酵母では〇・八八、カビでは〇・八〇である。しかし微生物の中には、食塩や砂糖の高濃度の環境（低水分活性）で増殖するものもある。これらを好塩微生物、好浸透微生物、および好乾性（カビの場合）という。これらが出現するのは高浸透圧を与える物質である塩や砂糖が多量に用いられた食品（味噌、醤油、塩蔵魚など）であるが、耐塩性酵母以外の微生物が混入することは稀である。

食品の水分活性により、微生物的危害を予測することが出来る。そして、食品の水分活性を下げることで微生物の増殖を制御する手段は実用的にしばしば使用されている。

(2)　温　度

微生物は他の一般生物と同様に、ある一定の温度範囲

表15　生育温度による微生物の呼称

生育温度		最低	最適	最高	代表的菌種
低温性	細菌	0℃以下	—	20℃	*Pseudomonas*, *Vibrio*, *Achromobactor*
	酵母	0℃、1週間培養で生育			*Candida*, *Torulopsis*
	カビ	5℃以下	—	20℃	*Cladosporium*
中温性	細菌	5℃	25～40℃	55℃	自然界に最も広く分布し、哺乳動物の腸内細菌や病原性微生物をはじめ、各種の細菌、酵母、カビが含まれる。
	酵母	—	25～35℃	—	
	カビ	10℃以下	20℃以下	40℃	
高温性	細菌	35℃	50～60℃	75℃	*Batillus stearothermophilus*
	酵母	—	—	—	ほとんどは45℃以下が増殖限界
	カビ	20℃以上	30～45℃	50～60℃	*Chaetomium thermophilum*

内においてのみ生活し、増殖できる。しかし、その増殖温度範囲は菌種によって異なり、極地のように年中氷点下にある温度から温泉のような高温に到るまで非常に広い。細菌やカビの最低生育温度はマイナス一八℃、酵母ではマイナス一〇℃と言われている。最高温度は細菌では七五℃、カビ酵母ではほぼ六〇℃である。

それで、個々の微生物の増殖温度範囲に基づいて、高温性、中温性、低温性微生物に大別される。それを表15に示す。

食品において問題となる微生物は、ほとんどが中温性微生物であるが、チルド食品では低温菌、ホットベンダーでは高温菌が問題になる。

微生物の生育範囲は確かに広く、一一〇℃で生育する細菌、マイナス一八℃で生育する酵母もある。しかし、ほとんどの食品の腐敗では、その原因になるものは特殊な微生物ではなく、ありふれた微生物でしかも管理ミスが原因である。

(3) pH

微生物の増殖とpHの関係を見ると、増殖できるpHの範囲は比較的広い。大部分の細菌、すなわち腸内細菌、土壌菌の最適pHは六～七、海洋細菌では七～八、病原細菌では七・五付近であるが、カビや酵母はそのほとんどが酸性側（pH四・〇～六・〇）においてよく増殖する。放線菌類では最適pHが微アルカリ性側にあるのが普通である。

通常の食品では、pHは微酸性から中性にあり、細菌が最もよく生育する条件にある。大部分の腐敗菌はpHが五・五以下で生育が抑制され、四・五以下ではほとんど生育しない。pHが三・五以下ではカビ、酵母、酢酸菌などの特殊な細菌のみが生育する。

(4) 酸　素

高等生物では生活するためには分子状酸素を必要とするが、微生物には必要とするものと、必要としないものがある。前者を好気性微生物、後者を嫌気性微生物といい、嫌気性のうち、酸素が存在していても増殖する微生物を通性嫌気性微生物、増殖しないものを偏性嫌気性微生物という。それぞれの代表的なものを表16に示す。

一般に、好気性微生物にとって、食品中に溶け込む酸素量だけでは増殖に十分ではない。好気性のカビや細菌がしばしば食品の表面に膜状に増殖するのは、この現われである（ネトの発生）。包装食品の場合、ヘッドスペースの酸素濃度が一％程度であっても好気性微生物は表面でかなり

表16　酸素要求性からの微生物の分類

分類			代表的菌群
好気性微生物		細菌	*Batillus*, *Micrococcus*, *Aerobactor*, *Pseudomonas*
		酵母	――――
		カビ	大部分
嫌気性微生物	偏性	細菌	*Clostridium*, *Bacteroides*, *Desulfovibrio*
		酵母	――――
		カビ	――――
	通性	細菌	大腸菌群、乳酸菌
		酵母	大部分
		カビ	――――

増殖する。増殖を抑制するためには〇・一%以下の濃度に保つ必要がある。

(三) 微生物の制御法

微生物による食品の危害、損傷を防ぐには、その食品中で増殖する菌種を知り、適切な処置を取ることである。食品における環境と各種菌群の生育の関係について、まとめられたのが食品微生物制御表（表17）である。アルコールの影響については、後述する。

この表に基づいて、対象とする食品の環境で生育する微生物を排除することや、環境を変えることが微生物制御である。

食品の微生物制御は、製品中で微生物の増殖を抑制するばかりでなく、全製造工程が衛生的に管理されて、製造されることが要求される。微生物は途中の工程で死滅しても、産生された毒素が残留して食中毒を起こす危険性がある。また当該食品中では生育しない微生物についても、それが

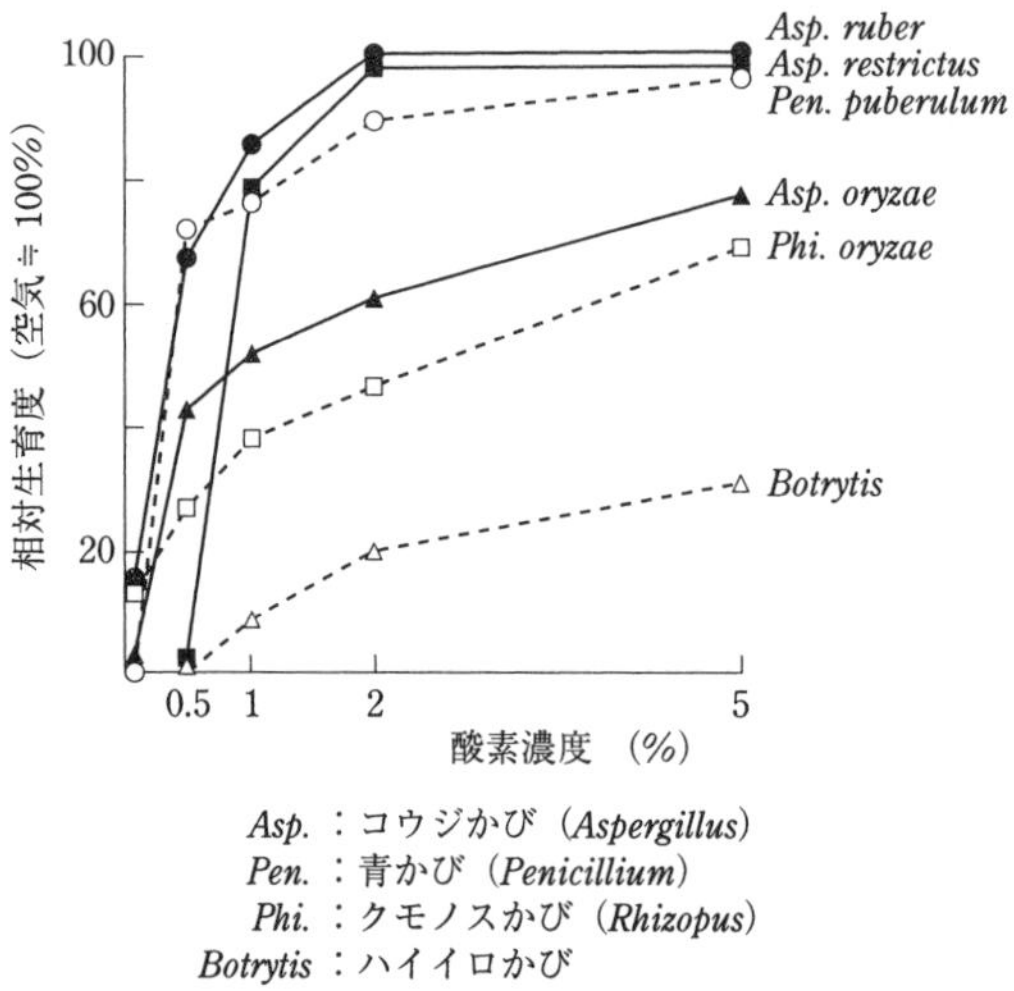

図13　カビの生育と酸素濃度[8)]

二次的に食品の製造に使用される場合、増殖することがあるので充分に配慮することが求められる。中間工程においても、微生物管理表を参照して、増殖の危険予知を行い、回避しなければならない。

食品製造の衛生管理の指標としては、製品の一般生菌数、大腸菌群数が用いられる。さらに、食品の特性により、耐熱性菌数、嫌気性菌数、食中毒菌数を加える。

一般生菌数は、食品の微生物汚染の程度を示す指標である。同時に一般生菌数から食品の腐敗や変敗の発生する可能性の有無、食中毒発症の危険性などをある程度推定する事が出来る。加工食品では一般生菌数10^5個／g以下であることが一つの基準である。

大腸菌群（coliforms）と定義される細菌は、グラム陰性の無芽胞菌で、乳糖を分解して酸とガスを産出する好気性または通性嫌気性の一群のものである。大腸菌群は陰性（10個／g以下）であることが基準である。これらが存在する食品は、従来は糞便汚染があったとみなされ、出処を共に

表17　食品微生物制御表[9)]

微生物 ＼ 環境因子		分裂菌（細菌） 大腸菌群	球菌	低温菌	中温菌	高温菌	耐熱菌	嫌気性菌	乳酸菌	耐塩性乳酸菌	真菌（酵母） 酵母	耐塩性酵母	真菌（カビ） カビ	好乾性カビ
Aw	1　～0.95	■	■	■	■	■	■	■	■	■	■	■	■	■
	0.94～0.90		■		D	D	D	■	■	■	■	■	■	■
	0.89～0.85		■					D	■	■	■	■	■	■
	0.84～0.65		■							■		■		■
	0.65未満													
pH	3.0　～4.5								■	■	■	■	■	■
	4.6　～9.0	■	■	■	■	■	■	■	■	■	■	■	■	■
	9.1～11.0	■	D		D	D	■	■	D					
温度（℃）	0　～5	■		■					■	■	■	■	■	D
	6　～10	■	■	■	■		■	■	■	■	■	■	■	■
	11　～35	■	■	D	■		■	■	■	■	■	■	■	■
	36　～45	D	D		D	■	■	■	D	D	D	D	D	D
	46　～55					■	■	■						
	56以上					■	D	D						
酸素濃度（容器内）	20.9％	■	■	■	■	■	■		■	■	■	■	■	■
	0.2　～0.4％							■	■	■				
加熱温度	80℃10分					■	■	■						
アルコール	2％		D		D	D	D	D		D	■	■	D	D
食塩	3％		■	■	■	■	■	■	■	■	■	■	■	■
	7％		■		D	■	■	D	D	■	D	■	D	■

■：生育圏　□：非生育圏　D：菌属、菌種あるいは変種により異なる

表18　微生物の制御法

分　類	方　法	
除　菌	洗浄、ろ過、遠心分離、電気的除菌	
静　菌	低温	冷蔵、冷凍
	低Aw	食塩、糖、糖アルコール、乾燥、脱水
	低pH	有機酸
	脱酸素	真空、ガス置換、脱酸素剤
	保存料	アルコール、天然･合成保存料
殺　菌	加熱殺菌	低温殺菌、高温殺菌 高周波殺菌、赤外線殺菌
	薬剤添加	殺菌料、ガス殺菌
	放射線照射	γ線、電子線、X線、紫外線
	その他非加熱殺菌	超高圧殺菌、超音波殺菌、電気衝撃殺菌
遮　断	包装、クリーンルーム	

する赤痢菌、コレラ菌などの腸管系伝染病菌や食中毒菌の存在する可能性がある不潔な食品と判定されてきた。大腸菌群は自然界に広く分布するもので、糞便汚染の指標としては正確ではないが、先ずは糞便汚染の可能性を示すものとして、環境衛生管理上の尺度を示す汚染指標菌と考えるべきである。大腸菌群には無毒のものも含まれるので、陰性にならない場合は、病原性大腸菌の存在を検査して、どう処置するか結論を出すのがよいであろう。

微生物による食品の損傷を防ぐ方法を表18に記す。食品の特性、対象とする微生物を考慮して、適正な方法を選択する必要がある。

（四）除菌による制御

（1）初発菌数

菌の増殖に及ぼす初発菌数の影響を模式的に示すと図14のようになる。

　初発菌数A＜B＜Cの三水準では、初発菌数が高いほど誘導期が短く、分裂速度は同じでも最大生育量（腐敗）に達する時間が短くなる。

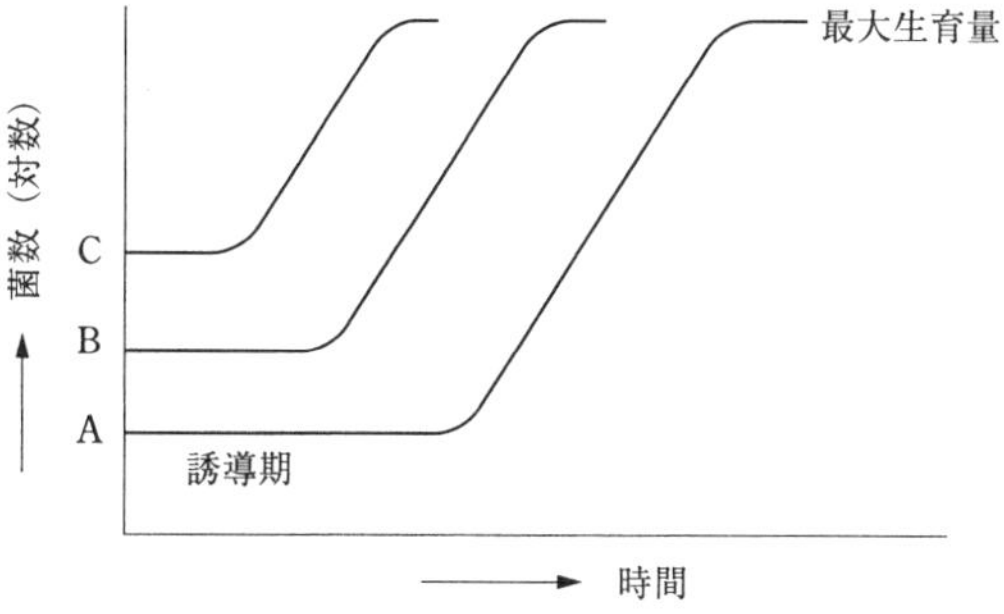

図14　菌の増殖速度と初発菌数

　食品を長持ちさせる基本は初発菌数を出来るだけ少なくすることである。これは同時に、除菌、殺菌を容易にする。製品の微生物汚染量を減らすためには、菌数の少ない原料を用いること、工場の衛生管理を十分に行って工程中の菌の増殖、菌の混入（作業場の浮遊する菌の落下、装置の汚染による腐敗物の付着、人の手の接触などによって起こる）を防止することが必要である。

　工程の衛生管理としては次の処置が基本である。

①　原料・製品の取扱・保管区分の区別

②　建屋を外気と遮断、壁床の洗浄などの整備

③　原料・製品と接触する機器の解体洗浄
④　原料・中間製品・製品に接触する手指の消毒、人手作業のゴム手袋の着用
⑤　工程での滞留の防止あるいは温度管理

特に人の手と接触した場合は、必ず大腸菌が混入することを記憶されたい。

初発菌数を減少させるには、以上のような注意が重要であるが、さらに工程で原料の除菌をすることも必要である。

(2)　汚染部、腐敗部の除去

微生物の汚染箇所は表面が多く、剥皮など表面部の除去は除菌に効果がある。

原料の腐敗部は菌がフルグロース（10^8～10^9／g）しているので、腐敗部が目視で判る野菜・イモ類はこまめに除去するようにする。

(3)　洗　浄

野菜類を水洗した結果では、菌数は一オーダー、洗剤を使用しても二オーダー程度しか除菌できなかった例があり、洗浄の効果はこの程度と考えた方がよい。原料の洗浄は、使用できる薬剤が制限されるので除菌は困難なことが多い。

機器、器具の洗浄は過酸化水素、アルコール、次亜塩素酸ナトリウムなどの薬剤を使用するのが

効果的である。しかし、薬剤を使用する前に、付着物を除去することが重要である。ブラッシング、あるいは高圧水噴射で付着物を落とし、水洗した後に薬剤を使用することが有効である。汚れが取り難い場合はアルカリ、あるいは酸を使用する。そして洗浄後は乾燥して、微生物の増殖を抑制する。

(4) ろ過・遠心分離

液体の除菌法としては綿布やろ紙、緻密な素焼きろ剤などを用いるデプスフィルター除菌、三酢酸セルロース膜を使用するメンブランフィルター除菌がある。後者はビールの酵母除去法として広く使われている。しかし、膜濾過では、装置内を無菌状態に保つ微生物管理が課題である。

遠心分離による除菌は牛乳への使用例[10]（20,000rpm）がある。筆者は、動物性エキス抽出液の除菌に、シャープレス遠心分離機を用いて不溶性のタンパクの除去を行った際に、菌数10^4／gを10^1／gに減少させた経験がある。

ろ過・遠心分離による除菌はタンパク質などの除去とそれに伴う香気など有効成分の付着に留意する必要がある。

食品の加工製造では、除菌によるコントロールは、一般には無菌レベルにまで持っていくのは困難で、菌数の低減が限界である。

（五）静菌によるコントロール

(1) 冷凍・冷蔵

静菌とは、食品中に微生物は存在するが、流通・保管の過程で活動や増殖が抑制される状態に保持することである。食品を低温に保持することで、微生物は死滅はしないが、増殖は抑制される。「食品の低温管理」（食品の低温流通協議会一九七五）では温度帯をクーリング（常温～五℃）、チルド（五～マイナス五℃）、フローズン（マイナス一五℃以下）の三区分に分けている（マイナス五～マイナス一五℃は一般にはフローズン状態であるが、組織の冷凍変性を起こしやすい領域なので避ける）。

食品を低温で保管すると、微生物の増殖抑制のみならず、生鮮食品では代謝活性・生理的変化、加工食品にあっては食品成分の化学的反応も遅延するので、変質防止全般に有効である。

冷凍は食品衛生法でもマイナス一五℃以下と定められている。通常は冷凍による変性を抑制するためにマイナス一八℃以下に保持することが多い。ほとんどの微生物の増殖はマイナス一一℃が限界であるから、この方法は、微生物全般を対象とした静菌技術としては長期貯蔵を可能にする唯一の完全な方法である。しかし、凍結により、氷結晶が生成し、原料動植物の細胞が損傷するため大なり少なりの品質低下を起こすこと、また、貯蔵中の微生物以外の原因による変質が問題になることもあり、化学的、物理的変化には注意しなければならない。冷凍による変性、その対策については冷凍技術の成書を参照されたい。

冷凍による変性の大きい食品で、且つ保存期間が短い食品には冷蔵が適している。冷蔵は通常二～五℃で行われる（家庭用冷蔵庫は五～七℃、チルド食品の保存基準はわが国では一〇℃である）。

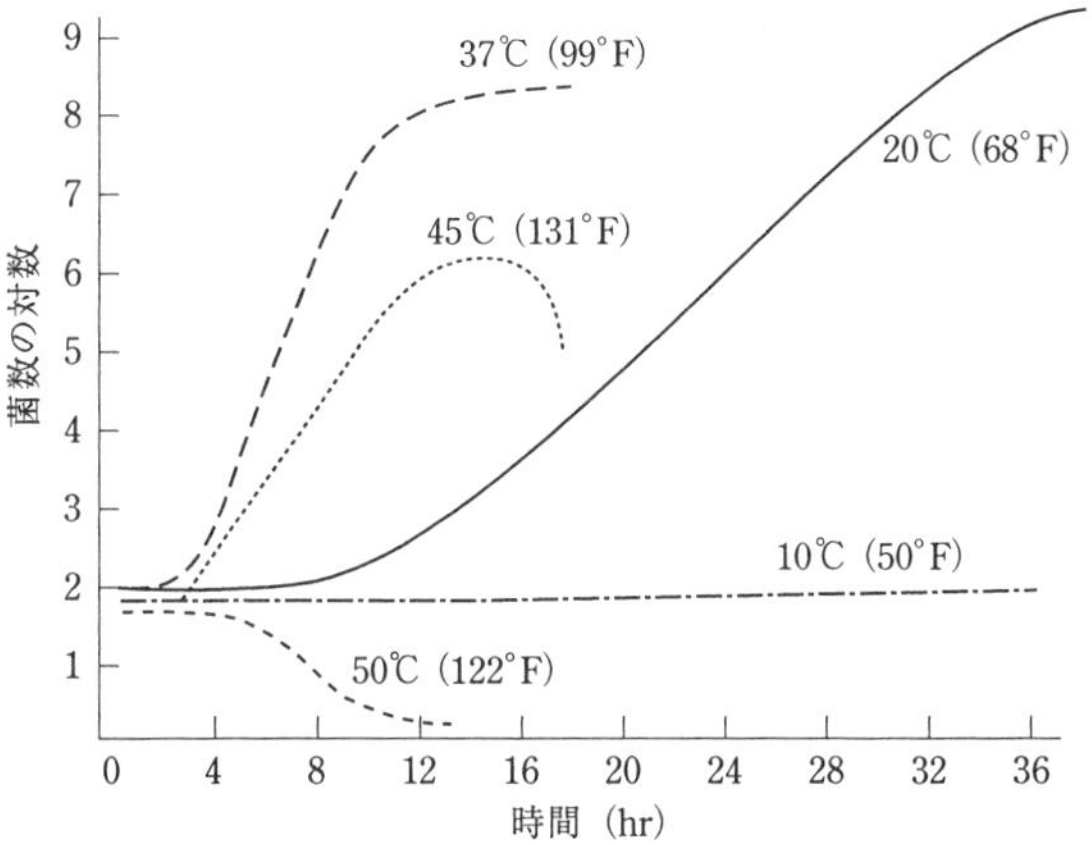

図15　至適温度37℃の中温細菌の各温度での増殖曲線モデル

二～五℃の温度帯では、多くの微生物は増殖が抑制されるはずであるが、食品としては、誘導期の延長、増殖速度の抑制がされて、保存可能期間が延長されるとみるのが無難である。軽度の殺菌（低温性微生物は殺菌しやすい）との併用により対象微生物を限定し、厳密な温度管理をすれば、二週間程度は可能であるが、現実には非常に危険である。

冷蔵の問題点は、温度管理が甘いことである。冷凍と異なり、外観上、温度上昇が判別しにくいため、温度の上昇をまねきやすい。温度が上昇することによって、増殖が促進され、思わぬ事故が起ることがある。

近年、冷凍・冷蔵の境界にまたがる温度領域で食品を保存することが試みられている。氷冷温度範囲での冷蔵（氷温貯蔵）、部分凍結での貯蔵（パーシャルフリージング）である。これらの技術は将来性を期待されるが、現状では温度管理技術的に広く実用化されるまでには到ってない。

(2) 水分活性

水分活性は微生物の増殖に影響を及ぼし、食品の水分活性が低下するに従って増殖しうる微生物の種類は限られてくる。水分活性を低下させるには、水分含量を減らすか、溶質含量を増やすかのいずれかを採らねばならない。しかし、食品にはそれぞれ食味上の特性があるから、その特性を保持して、水分活性を調節できる範囲は限定される。水分活性の調節は対象とする微生物の増殖限界近いAw領域にあれば、乾燥、濃縮、焼成、配合による水分の削減あるいは溶質の添加による調節を行える。溶質としては分子量が小さく、食味に影響しない物質が望ましい。これについてはいろいろ検討されているが、見るべきものはない。実用的な範囲では、砂糖に代替させて、甘味の弱い単糖（還元性＝褐変に注意）、糖アルコールを使用することが有効である。

(3) pH

pHによる微生物の増殖の抑制は、大部分の食品が本来低酸性であるから極めて難しい。

チルド食品では、pHが五・五以下では増殖速度が抑制されることから、酢酸およびその塩（pHによる以外の抑制効果がある）の添加をする例があるが、食味はpH五・五程度から酸味を感じるよう

表19　食品防腐剤の抗菌性[11)]

防腐剤＼菌種	カビ	酵母	好気性胞子形成菌	嫌気性胞子形成菌	乳酸菌	グラム陽性菌	グラム陰性菌	備考
安息香酸	○	○	○	○	○	○	○	酸性ほど有効 pH＜6
ソルビン酸	◎	◎	○	×	×	○	○	酸性ほど有効 pH＜7
デヒドロ酢酸	◎	◎	○	△	△	○	○	酸性ほど有効 カビ酵母に強力
パラオキシ安息香酸エステル	◎	◎	◎	○	○	◎	○	pHの影響ない固形物の存在で効力低下
プロピオン酸	○	×	○	×	×	○	○	酸性ほど有効 効力全般に弱い

◎：強力　○：普通　△：微弱　×：無効

になるのであまり良い方法ではない。

(4)　保存料

保存料は腐敗細菌などの微生物の増殖を阻止することを目的とした食品添加物で、食品本来の食味や形状を変えることなく保存できる物質と定義できる。現在わが国では安息香酸、ソルビン酸、デヒドロ酢酸、プロピオン酸およびその塩類とパラオキシ安息香酸エステルなど一〇品目が保存料として指定されている。主なものについて抗菌性を表19に示す。

保存料は使用できる食品、使用量および表示が規定されているので使用に当っては注意が必要である。

わが国ではソルビン酸が最も広く使用されていたが、最近は自然志向を求める消費者の増大からその受容が減少し、天然保存料あるいはその他の手段に変わっている。

天然系保存料には、エゴノキ抽出物、カワラヨモギ抽出物、しらこタンパク、ヒノキチオール（抽出物）、ε－ポリリジンなどがある。これらも使用した場合には合成保存料と同じく表示せねばならない。

抗菌性のある天然物で保存料としての表示が要らないものには、グリシン、エチルアルコール、モノグリセリド、リゾチームなどがある。

エチルアルコールは高濃度では殺菌作用があり、低濃度では静菌作用がある（エチルアルコールの殺菌作用については一四七頁の表24を参照）。保存料としてのエチルアルコールは、味噌、醤油、漬物、食肉製品、菓子などに広く使われている。エチルアルコールの使用濃度は一～四％である。使用量は抑制効果より、添加によるアルコール臭、食味の変化によって制限される。

アルコール濃度が四％では、多くのカビ、一部の酵母、細菌の増殖が抑制されるが、大部分の微生物は八％の濃度で抑制される。味噌・醤油では、防湧、防黴（ばい）の目的で使用される。この目的のために使用するエチルアルコールの濃度は二～三％が適当である。エチルアルコールの微生物抑制効果は、食品の成分組成に影響される。有機酸の存在は効果を増す。またAwが低いほど効果は大きい。

エチルアルコールの使用法は液体・ペースト食品には直接混合し、固形食品には浸漬、噴霧、塗布する。また担体に吸着させて包装容器内に入れ徐放させる気化法が菓子などの包装固形食品に使用されている。この場合エチルアルコールの蒸気濃度は三〇〇～一二〇〇ｐｐｍ程度が必要である。

(5) 脱酸素

食品の腐敗の原因になる微生物は一般に好気性菌が多いので、包装容器内の酸素を除去することによって、腐敗を遅らせることが出来る。しかし、好気性の細菌やカビは酸素濃度一％ではかなり増殖するので、酸素濃度を下げて増殖を抑制するには〇・一％以下に保つ必要がある。脱酸素の方法についてはⅥ章に記す。

一方、無酸素状態では、嫌気性菌は増殖しやすい。食中毒の中でも最悪のボツリヌス食中毒は、無酸素状態で起きる危険性がある。脱酸素による微生物コントロールはカビを対象に限定するのが妥当である。

(六) 殺菌によるコントロール

(1) 加熱殺菌

食品の微生物の増殖による腐敗を防止するには、前述した除菌や静菌による方法があるが、一般的には完全な除菌は難しい。静菌は冷凍を除いては、存在する微生物の増殖を遅らせるが、停止に到らない場合が多く、長期貯蔵には危険な場合がある。それで、製品の腐敗、食中毒の危険から食品の安全を保証するためには、殺菌処理をして無菌状態にするのがよいといえる。

食品の殺菌は、古来より防腐のために火を通すことが経験的に知られていたが、現在も殺菌といえば加熱による殺菌が主である。加熱殺菌の条件は対象とする微生物、その他の条件によって個別

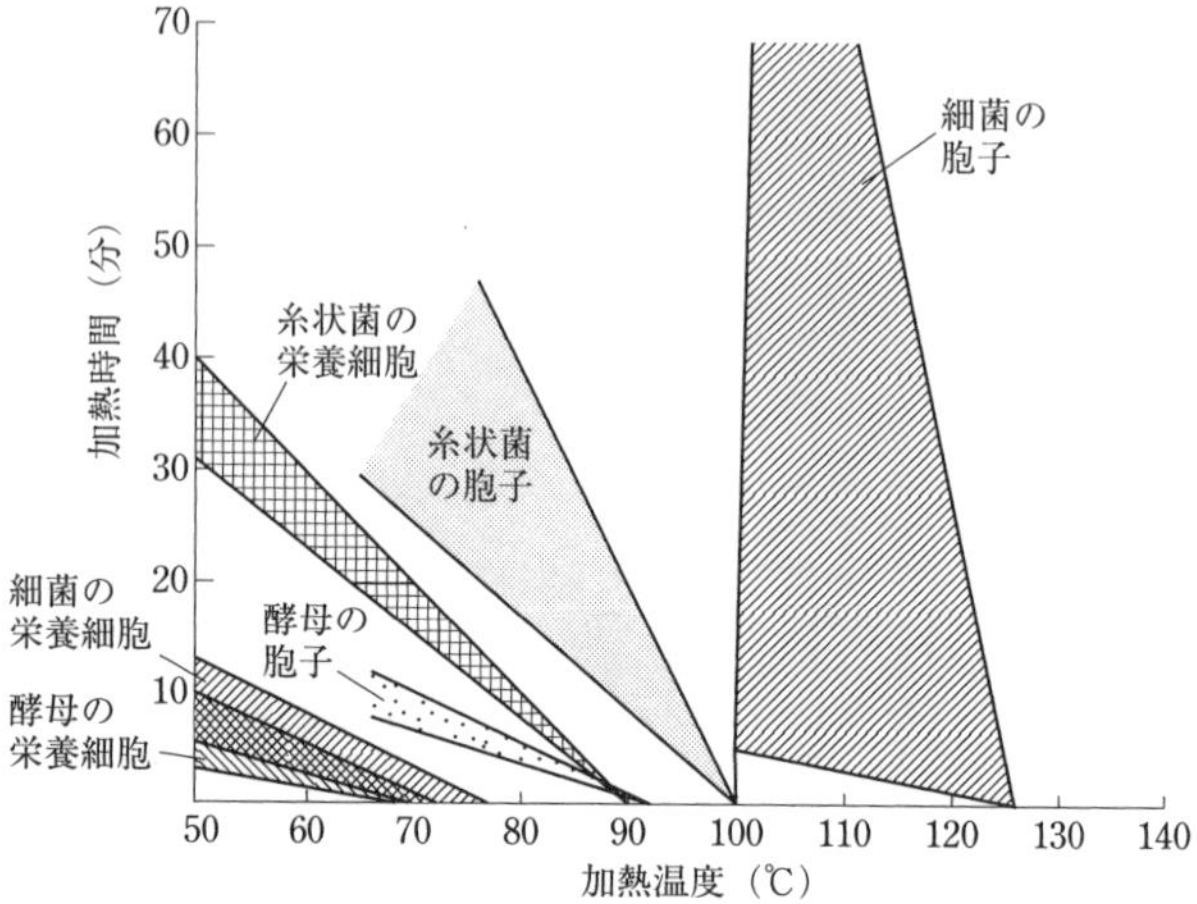

図16　種々の微生物を殺滅するのに要する加熱温度と加熱時間の関係[12)]

に設定されねばならない。

(1)　微生物の耐熱性

微生物は、水分の有る状態で加熱した場合（湿熱）の方が、無い場合（乾熱）より死滅しやすい。それで加熱殺菌は特殊な場合を除いて湿熱状態で行う。

微生物の死滅温度領域は菌種、菌株、生育環境条件によって変わるが、無胞子細菌、有胞子細菌の栄養細胞、酵母、カビは八〇℃・一〇分程度の湿熱処理により十分に殺菌できる。

細菌胞子は耐熱性があり、一〇〇℃に加熱しても容易に死滅しない。衛生検査指針では沸騰水一〇分処理で生残するものを耐熱性菌と定義している。

加熱殺菌においては細菌胞子を死滅させる条件を設定することが命題である。

表20　細菌胞子の熱死滅条件 [13)]

菌　　種	熱死滅条件	
	温度(℃)	D値（分）
Alicyclobacilus acidoterrestris	95	0.9～1.0
Bacillns（好気性桿菌）	100	2～1,200
B. apiarius	100	5
B. brevis，*B. pumilus* など低温性 *Bacillus*	90	4.4～6.4
B. cereus var. mycoides	100	100 *
B. circulans	100	1.65
B. coagulans	100	30～270 *
B. coagulans	121	0.4～3.0
B. coagulans var. thermoacidulans	96	8.3
B. laterosporus	100	1.18
B. licheniformis	100	13.5
B. megaterium	100	1～2.1
B. pantothenticus	100	7.3
B. polymyxa	100	8.2
B. pumilus	100	1.5
B. psychrosaccharolyticus	85	11～42
B. sphaericus	100	2.25
Bacillus sp. ATCC 27380	80	61
B. stearothermophilus	100	714
B. stearothermophilus	121	0.1～14
B. subtilis	100	11.3
B. subtilis	121	0.08～5.1
B. subtilis var. niger	100	1.67
Clostridium（嫌気性桿菌）	100	5～800 *
C. aureofaetideum	90	139
C. butyricum	85	18
C. histolyticum	90	11.5
C. sporogenes	90	34.2
C. sporogenes	121	0.15
C. sporogenes PA 3679	110	5.8～15.9
C. sporogenes PA 3679	121	0.84～2.6
C. thermoaceticum	121	44.4
C. thermocellum	121	0.5
C. thermohydrosulfricum	121	11
C. thermosaccharolyticum	132	4.4
C. thermosulfurogenes	121	2.5
C. tyrobutyricum	96	6.5～21
Desulfotomaculum nigrificans	121	2～3
Sporolactobacillus inulinus	90	5.1
Sporosarcina ureae	100	5 *

＊死滅時間（分）

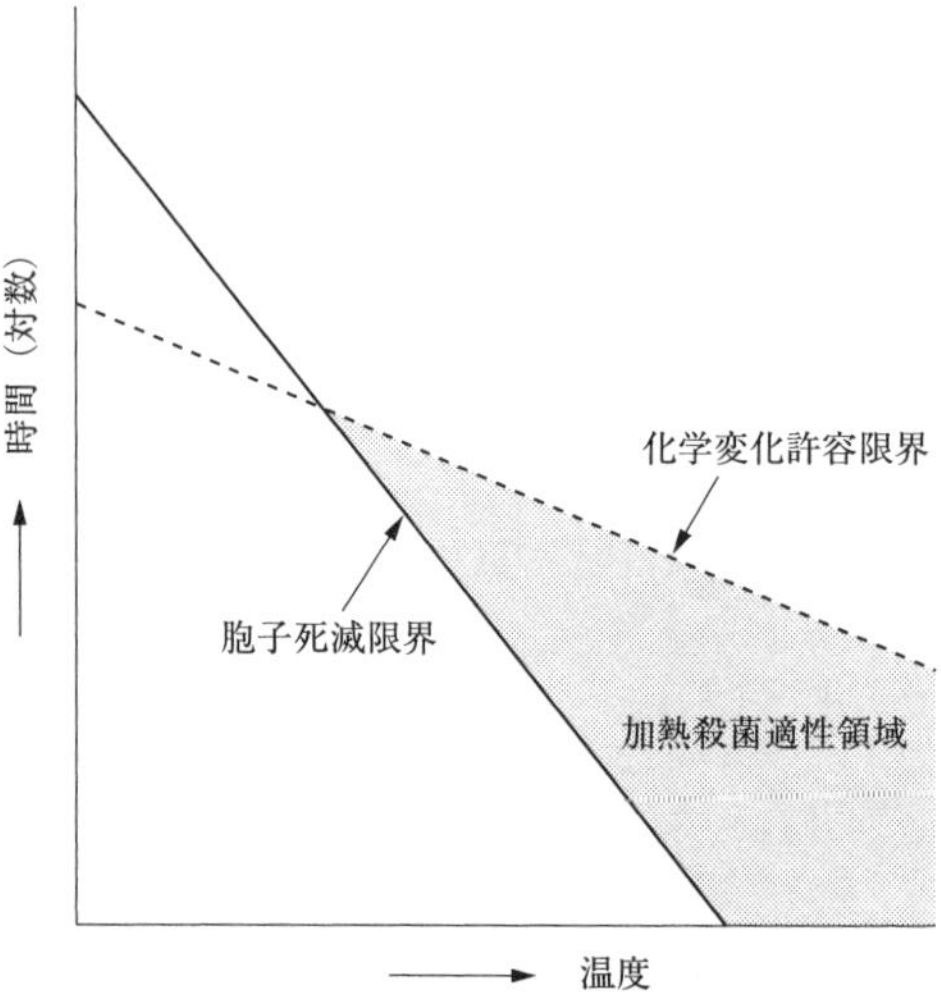

図 17　胞子の破壊と化学変化の抑制

細菌胞子も菌種などにより著しく耐熱性は変動する。一般に発育最高温度の高い細菌の胞子ほど耐熱性が大きい。いくつかの細菌胞子の耐熱性を表20に示す。

耐熱性の強い細菌胞子の場合、加熱殺菌は低温では長時間を要するが、高温では短時間で目的を達成することが出来る。加熱によって起こる食品の変質速度（風味劣化、着色など）は、ほとんどQ_{10}値（温度が一〇℃上昇したときの速度上昇の比率を表わす値）が二〜三の間に入る値であるが、微生物は一〇前後である。したがって、食品の変質を抑えて殺菌をするには、出来るだけ高温短時間の加熱を行うほうが有利である。通常、細菌胞子を殺菌するには、一〇〇℃以上の加圧加熱殺菌をする。

(2)　加熱殺菌のメカニズム

加圧加熱殺菌における基礎知識として、加熱殺菌のメカニズムについて次に述べる。

① 一定温度における時間効果

微生物を致死効果のある一定温度で加熱処理して、加熱時間と生残する微生物数との関係を片対数目盛グラフ上にプロットすると、生残数は加熱時間経過と共に減少し、一般には図18のような直線関係が得られる。これを生残曲線（survivor curve）という。

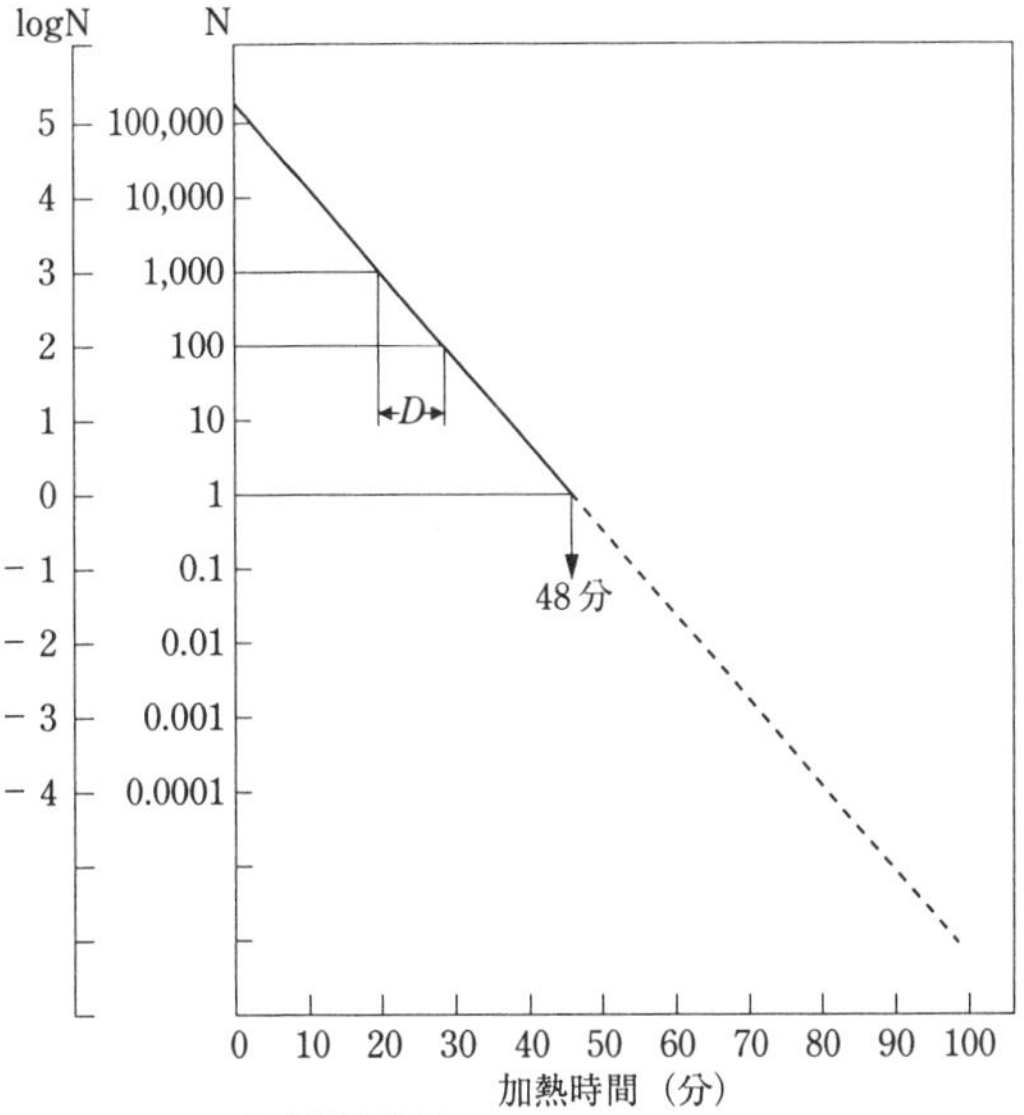

N＝生残微生物数

図18　生残曲線

生残曲線が直線であることは、一定温度で加熱した時の死滅速度が一定であることを示している。図18の生残曲線において、生残微生物数が一以上に相当する加熱時間（四八分：実線部分）までは殺菌を完了していないが、加熱時間が四八分を超えた瞬間に完了したことになる。

生残微生物数が一未満（点線部分）の意味は、殺菌が失敗する（微生物が生残する）確率を示している。つまり、生残微生物数〇・一とは、同じ内容の食品を殺菌した場合、一〇個中一個は微生物が生き残りうることを示している。微生物の加熱殺菌においては、加熱時間を長くすれば、それが生残しうる確率を無限に小さくできるが、確率ゼロの完全無菌は理論的にはありえないということである。

生残曲線の勾配を死滅速度の逆数の絶対値で示し、これを〝D値〟という。D値とは「一定温度で微生物を加熱した時、その生残数を一〇分の一に減少させるために必要な時間（分）」である。加熱殺菌の対象となる微生物のD値を測定しておけば、ある数の微生物を任意の生残数にまで減少させるために必要な加熱時間を次の式により求めることができる。

$$t = D \times (\log a - \log b)$$

t：加熱時間（分）　D：D値（分）　a：初発菌数　b：生残菌数

② 温度効果

微生物はより高温で迅速に、より低温で緩慢に死滅する。D値は高温で小さく、低温で大きい。種々の温度でD値を測定して、加熱温度とD値の関係を片対数目盛グラフ上にプロットすると図19のように直線が得られる。これを加熱減少時間曲線（thermal reduction time curve）という。加熱減少時間曲線の勾配は、微生物の死滅速度に及ぼす加熱温度の影響（加熱温度効果）を示し、勾配が急である程、加熱温度の変化が微生物の死滅速度に及ぼす影響が大きいことを示している。

加熱減少時間曲線の勾配を〝*Z*値〟という。*Z*値は「*D*値を一〇倍変化させる温度変化（℃または°F）」である。

③　加熱殺菌の効果の表示

加圧加熱殺菌した食品の加熱効果を〝*F*値〟で表わす。*F*値とは「食品が所定温度において加熱された時間（分）」である。そして加圧加熱殺菌では、殺菌の基準温度を一二一・一℃（二五〇°F）とする約束がある。一二一・一℃で加熱された時間を〝F_0〟値という。

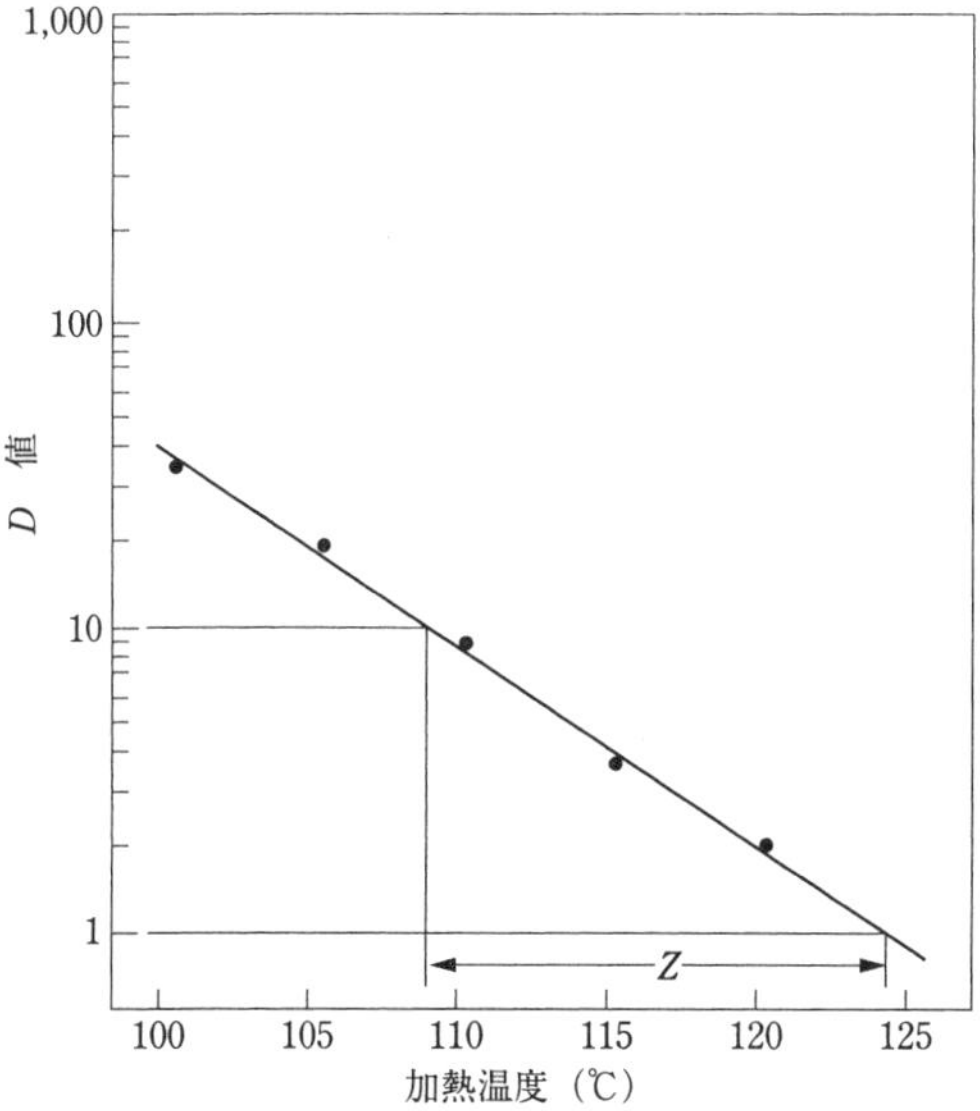

図19　加熱減少時間曲線

*Z*値が同一の場合、T℃における*F*値は次のようにF_0値に換算できる。

$$F_0 = F_T \times 10^{(T-121/Z)}$$

例えば、*Z*が一〇℃で一一一℃・六〇分の殺菌は、次のように計算される。

$$F_0 = F_{111} \times 10^{(111-121/10)} = 60 \times 0.1 = 6\text{（分）}$$

実際の殺菌処理では、温度は変化するので、時間経過の中で変動するF値を例えば1分間隔でとり、積算してF_0を求めて、所要殺菌時間を算出する。なお、実際の系では、系内の温度は均一ではないから、加熱温度は最も熱の伝達しにくい個所（最遅速加熱点：通常は中心部）でF値の測定をする。

④　細菌胞子の加熱殺菌に影響する因子

汚染微生物：(1)で述べたように菌種によって耐熱性は異なる。また生育した環境によって同一菌種でも耐熱性が変わることに注意しなければならない。また①で述べたように、死滅させるのに必要な時間は初発菌数によって左右される。初発菌数の高い系では、より長時間の殺菌が必要となる。

pH　：系のpHが低い方が耐熱性は小さい。

水分活性：系のAwが低い方が耐熱性は小さい。

エチルアルコール：殺菌効果を上げる。

伝熱に影響する因子：内容量、容器の形状、固形物の形状・大きさ、液の粘性などで殺菌時間は変わる。

表21　缶詰食品のpHによる分類と主な変敗原因微生物と殺菌条件[15)]

食品群	pH	無胞子細菌・カビ酵母	*C.botulinum*（*A,B*）	*C.sporogenes*	*C.thermosaccharolyticum*	*C.pasteurianum*	*B.stearothermophilus*	*B.coagulans*	*B.subtilis*	*B.licheniformis*	加熱殺菌温度（℃）
低酸性食品	>5.0	+	+	+	+	+	+	+	+	+	>110℃
中(弱)酸性食品	4.5～5.0	+	+	+	+	−	+	+	+	+	>105℃（100℃）*
酸性食品	3.7～4.5	+	?	?	±	−	+	±	−	−	90～10℃
高酸性食品	<3.7	+	−	−	−	−	−	−	−	−	75～80℃

＋：変敗原因になる　－：変敗原因にならない　±：変敗原因になるとの報告がある
＊：瓶詰、透明プラスチック・フィルム袋詰では100℃殺菌が多い

(3)　各種食品の加熱殺菌

食品は、殺菌後の微生物汚染を防止しなければならないから、殺菌処理する食品は、完全に包装してあることが前提である。包装食品の加熱殺菌の目的は、容器内の食品を「商業的無菌状態」にすることである。商業的無菌状態とは「流通条件下（主に温度）で、その食品中で発育しうる微生物が生存しない状態」をいう。つまり常温流通を目的とした食品では、六〇～七〇℃のような高温に置かれたとき（例えばホットベンダー）に発育しうる微生物（高温菌）、あるいは、Aw、pHが生育しやすい状態に変われば、発育しうる微生物が生存している可能性がある状態、つまり完全に無菌の状態ではないことを意味する。

通常、食品では原料などから混入してくる微生物の菌種はコントロールしにくいので、食品のAw、pHから細菌の発育がないと判断される場合は、カビ・

表22　ボツリヌス菌のD値と$12D$[15]

加熱温度（℃）	D（分）	$12D$（分）
100	30.6	367.2
105	9.28	111.4
110	3.06	36.72
115	0.928	11.14
120	0.306	3.67
121.1	0.237	2.85

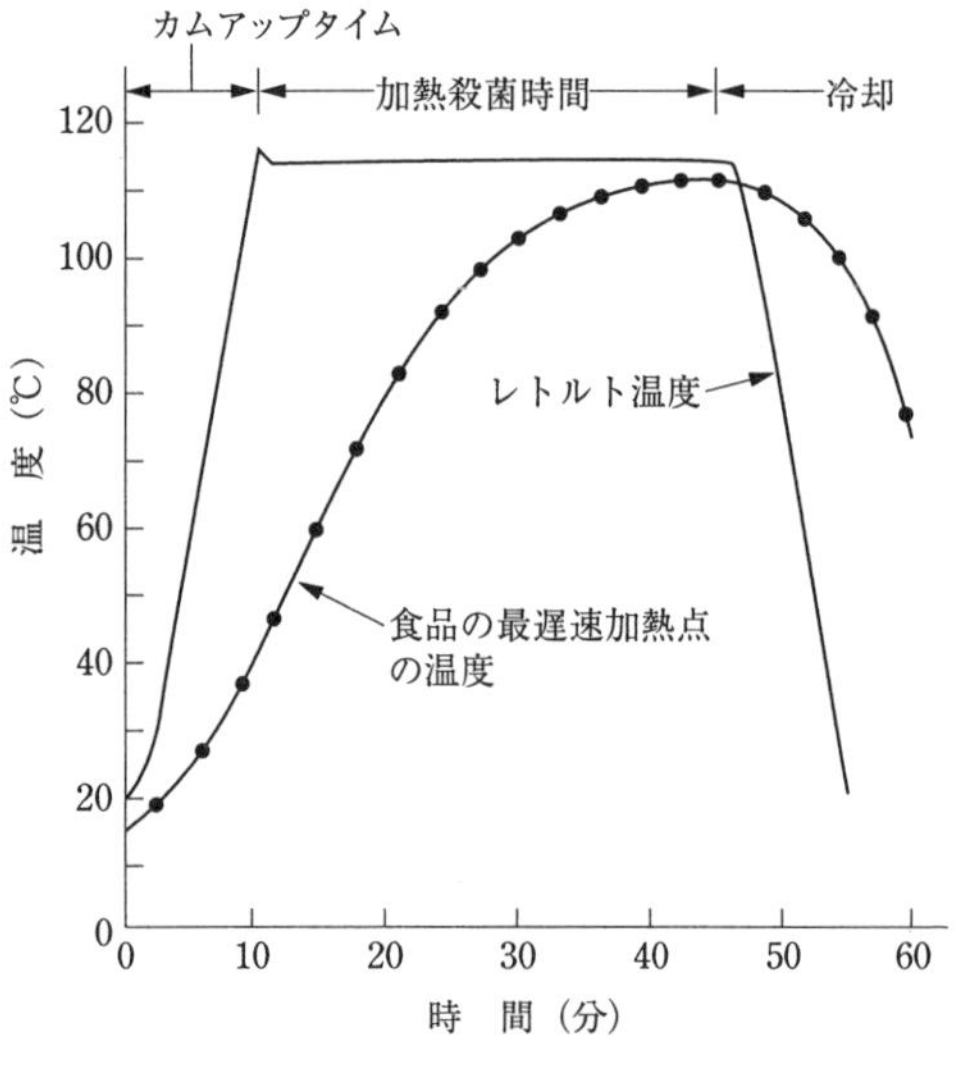

図20　加熱殺菌中の温度変化模式図

酵母を対象に一〇〇℃以下の殺菌（湯殺菌）を行い、細菌が発育する場合は加圧加熱殺菌を行っている。

pHによる殺菌条件の関係を表21に示す。

食品衛生法では、「pHが五・五を超え、Awが〇・九四を超える容器包装詰加圧加熱食品にあっては、中心部の温度を一二〇℃で四分加熱する方法またはこれと同等以上の効力を有する方法であること」と定められている。この加熱条件はF_0 = 3.2に相当する。

ボツリヌス菌（*C.boturinumA, B*）は耐熱性の強い胞子を形成し、これが食品中で増殖した場合には、致死性の菌体外蛋白毒素を作るので、食品衛生上特に問題になる。

低酸性食品の基準はボツリヌス菌を死滅させるに足りる加熱処理を目的に米国基準に準拠してそのように定められた（*C.boturinumA, B*はpH四・七が生育限界であるが）。

F_0はボツリヌス菌胞子を対象にして、殺菌目標を生存する確率を10^{12}分の一において決めている（これを12*D*の概念という）。各温度における12*D*を表22に示す。12*D*とした根拠は、米国において生産される缶詰中にボツリヌス菌が生残している缶詰が一缶もでない確率ということで、缶詰の生産量から定められたといわれている。すなわち、缶詰中にボツリヌス菌胞子が一個存在していると仮定して、10^{12}缶の缶詰を殺菌したときに、その中の一缶のみに（意味するところはゼロである）ボツリヌス菌胞子が生残する確率で殺菌する条件である。腐敗の原因菌については目標を確率10^5分の一に置けば充分とされている。

加熱殺菌は食品の特性、流通条件に合わせて、商業的無菌状態にするミニマムの条件で殺菌するのが適切である。何故ならば、食品はQ_{10}が二ないし三といえども変質するからである。特に高温でかつ静置状態で加熱する場合は、包材に接触している部分は加熱機の雰囲気と同程度の加熱履歴をとり、*F*値の数倍の加熱を受けることに留意せねばならない。

加熱殺菌法には、食品を包装した後に加熱殺菌する方法（缶詰、レトルト）と加熱殺菌した無菌食品を殺菌した包装容器に無菌的に充填・包装する方法（無菌充填包装法）がある。

無菌充填包装は、たとえば具入りの味噌汁を想定すると、汁と具を別々に殺菌した後、両者を充填できる。味噌汁は風味が変質しやすいが、プレートヒーターで殺菌すれば、短時間で殺菌できる

表23　各種の細菌に対する次亜塩素酸の殺菌作用[16]

微生物	有効塩素(ppm)	pH	温度(℃)	時間	殺菌率(%)	報告者
A. aerogenes	0.01	7.0	20	5分	99.8	Ridenour
St. aureus	0.07	7.0	20	5分	99.8	Ridenour
E. coli	0.01	7.0	20	5分	99.9	Ridenour
E. coli	12.5	7.7	25	15秒	＞99.999	Mosley
Sh. dysenteriae	0.02	7.0	20	5分	99.9	Ridenour
S. paratyphi B	0.02	7.0	20	5分	99.9	Ridenour
S. derby	12.5	7.2	25	15秒	＞99.999	Mosley
Str. lactis	6	8.4	25	15秒	＞99.99	Hays
L. plantarum	6	5.0	25	15秒	＞99.99	Hays
B. cereus	100	8.0	21	5分	99	Cousins
B. subtilis	100	8.0	21	60分	99	Cousins
B. coagulans	5	6.8	20	27分	90	Labree
C. botulinum A	4.5	6.5	25	10.5分	99.99	Ito
C. botulinum E	4.5	6.5	25	6.0分	99.99	Ito
C. perfringens 6719	5	8.3	10	60分	なし	Dye
C. sporogenes	5	8.3	10	35分	99.9	Dye

ので、レトルト殺菌に比べて加熱による変質が抑制される。その結果、香・風味の劣化の少ない味噌汁が得られる。特に固形物が大きい場合、粘稠な（伝熱が悪い）場合や包装単位が大きい場合は、レトルト殺菌では殺菌が長時間になり、周辺部では変質が起こる。このような食品の場合には、無菌充填の方法がよりよい包装技術といえる。包材には耐熱性が必要ないので、包装形態、包装材質の選択の幅が広がる利点もある。

しかし、柔い固形物の充填技術、無菌的に充填する設備のコスト、設備機器の無菌状態を維持する作業・保守管理技術に課題がある。現在は主な対象は液状食品であるが、将来性のある技術であろう。

(2) 薬剤による殺菌

食品衛生法では、殺菌料として過酸化水素、次亜塩素酸、次亜塩素酸ナトリウム、高度サラシ粉が指定されている。

過酸化水素は、かつては、蒲鉾や麺類に使用されていたが、過酸化水素に発癌性があることがわかり、当然のことながら、最終食品の完成前に分解または除去するよう定められたため、その使用は困難になった。現在では、器具、包材の洗浄に用いられている。

塩素系殺菌料の殺菌効果は、塩素が水中に溶解したときに生じる次亜塩素酸によるとされている。次亜塩素酸が解離して$H^{+}+OCl^{-}$となると殺菌力は低いといわれている。次亜塩素酸は非常に幅広い微生物すなわちウィルス、細菌、真菌、原生菌、藻類に殺菌作用を示している。しかし細菌芽胞に対しては、数十ppm以上の濃度が必要とされている。

塩素系殺菌料は、①水の殺菌、②卵、屠体、

表24　エチルアルコールの各種微生物に対する殺菌効果[17)]

（20℃，5分間接触試験結果）

菌種 ＼ エタノール（%）	80	70	60	50	40	30
Staphylococcus aureus	−	−	−	−	＋	＋
Micrococcus flavus	−	−	−	−	＋	＋
Pseudomonas aeruginosa	−	−	−	−	＋	＋
Salmonella typhimurium	−	−	−	−	＋	＋
Lactobacillus plantarum	−	−	−	−	＋	＋
Bacillus cereus	＋	＋	＋	＋	＋	＋
Bacillus subtilis	＋	＋	＋	＋	＋	＋
Escherichia coli	−	−	−	−	＋	＋
Klebsiella pneumoniae	−	−	−	−	−	＋
Citrobacter freundii	−	−	−	−	＋	＋
Erwinia carotovora	−	−	−	−	−	＋
Saccharomyces cerevisiae	−	−	＋	＋	＋	＋
Candida utilis	−	−	＋	＋	＋	＋

注）　−：殺菌　＋：未殺菌

野菜、果物などの食品原料の表面の殺菌、③食品製造用器具、機器、作業場の殺菌消毒、④作業員の手指、衣服などの殺菌消毒に使用されている。塩素の使用濃度の制限はないが、独特の臭気のため自ずから使用濃度は制限される。

食品の殺菌に使用する場合は、次の点に注意して殺菌を行い、水洗をよくすることである。

① pH　：pH七・五以上ではOCl^-が多くなり、殺菌力は弱まる。

② 濃　度：次亜塩素酸は有機物と反応するので、有機物が溶解してくると消費される。

③ 温　度：温度は高い方が殺菌作用は強い。

エチルアルコールは殺菌料ではないが、古くより消毒に使われていたように、高濃度では殺菌作用を示し、食品製造においては、手指の消毒、機器・器具、食品・包装の表面の殺菌に使用されている。

一般にエチルアルコールの殺菌力は、一〇〇％より、五〇～七〇％濃度が最も強いといわれている。エチルアルコールの殺菌は、表24に示すように、多くの微生物が容易に死滅するが、*Bacillus*属は死滅しにくい。細菌胞子はアルコール殺菌に対して高い耐性があり、五〇～八〇％液に浸漬しても*Bacillus*胞子の殺菌は困難といわれている。[17]

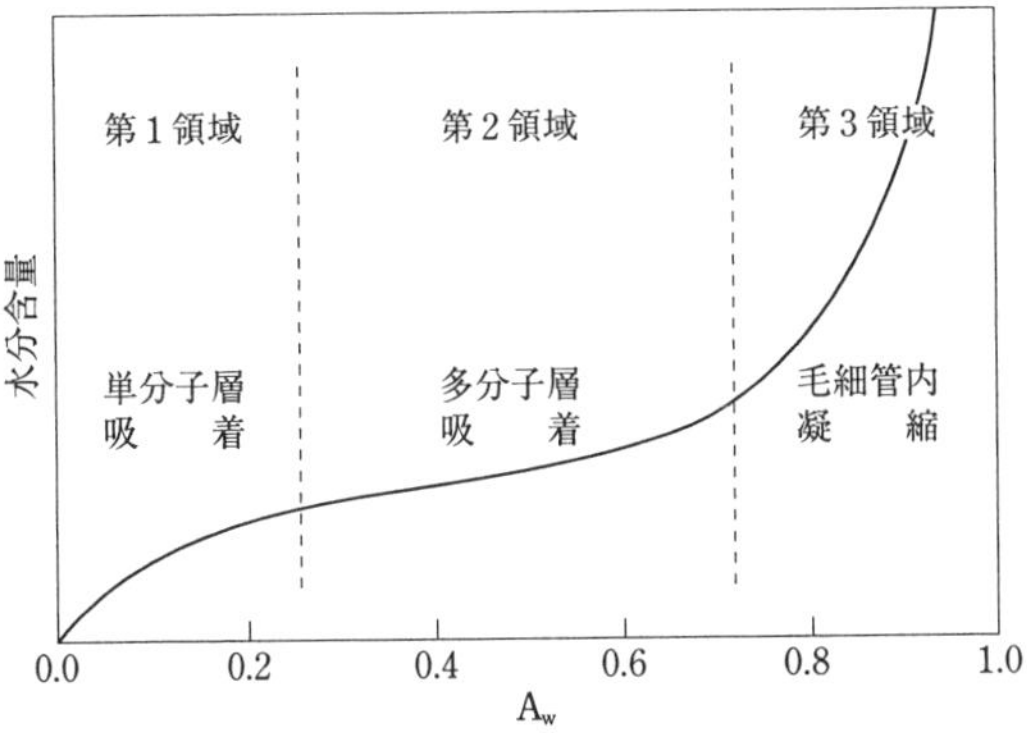

図 21　水分収着など温曲線の模式図[18)]

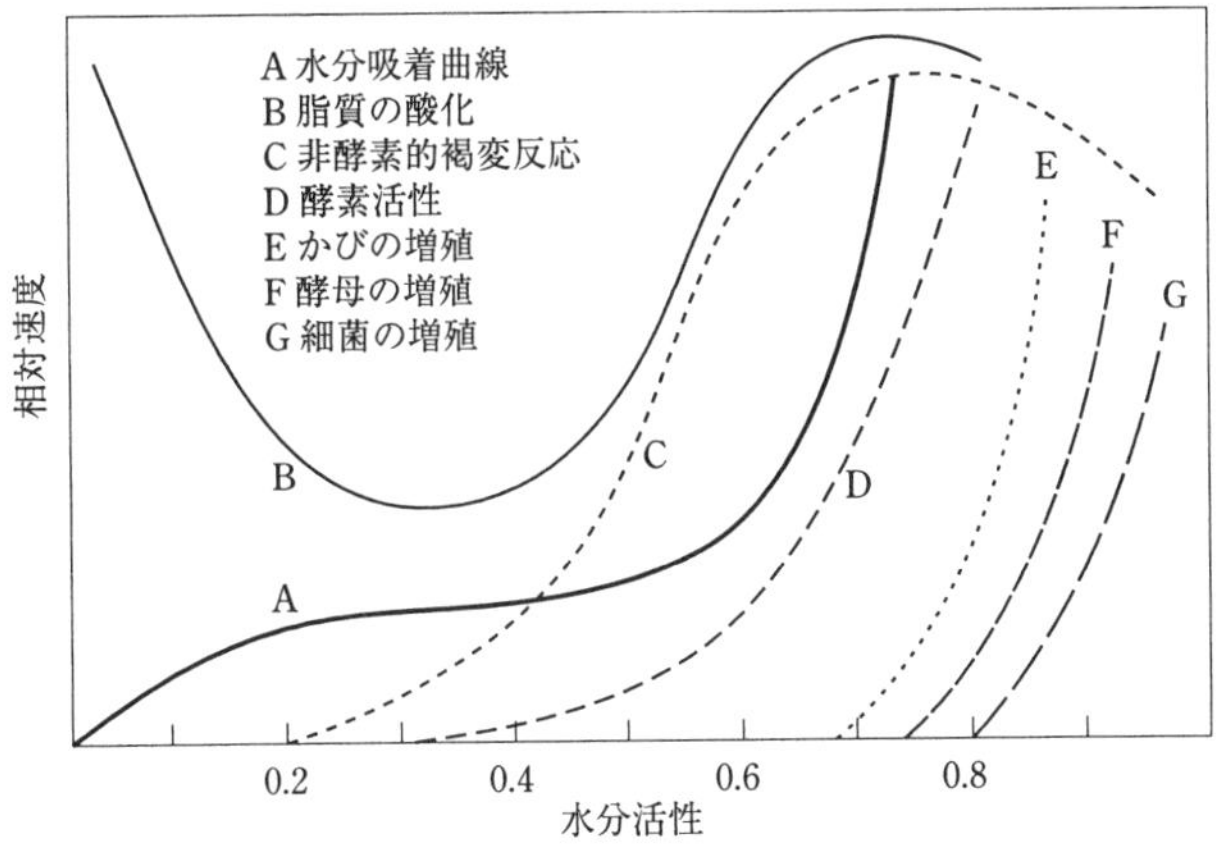

図 22　水分活性と保存安定性の関係[19)]

二．化学的変質コントロール技術

加工食品は、保管中にその成分であるタンパク質、糖、油脂、色素、ビタミンなどが種々の変化を起こし、変色、異臭発生、食味低下、栄養価低下などにより、食品の品質低下をまねき、最終的には食べられない状態になる。

食品衛生法は包装食品について、保存可能期間の長短によって、消費期限、あるいは賞味期限の表示を義務づけている。前者は微生物的変質がその期限を決める制約となるが、後者は化学的変質がその制約となることが多い。化学的変質を促進する主な環境要因は、温度、酸素、水分、光である。

食品の化学的変質（酵素反応を含む）の反応の速さは、水分含量に最も影響される。さらに厳密に言えば水分活性Awに影響される。水分含量が増えると水分活性は高くなるが、その関係は図21に示すように逆シグモノイド曲線で表わされる関係がある。水分活性と保存性の関係は図22に示すように、水分活性〇・二〜〇・四が総合的に見ると最も化学的変質の遅い範囲である。

品質低下の現象を切り口に化学的変化の幾つかについて触れる。

（一）変　色

(1) 褐変反応

食品の保管中に起こる褐色化、暗色化を褐変という。褐変には酵素的褐変と非酵素的褐変がある。前者の代表例は果実の褐変である。果実中のフェノール類およびポリフェノール類がキノン類に変化し、さらに重合して褐色色素になるためである。この反応は酸化酵素によるもので、加熱処理をする加工食品ではあまり問題にならない。後者は食品で頻発する着色反応である。そのなかでもアミノ酸と糖が反応して着色物質を生成するメイラード反応による変色が多い。メイラード反応は現在でも抑制する根本的な方法はない。反応に寄与する因子をできるだけ排除することで抑制する以外に方法はない。

反応速度に関係する因子は次の通りである。

表25　各種アミノ酸の褐変の比較[20]

アミノ酸	構造式	着色度（500nm）
グリシン	$H_2NCH_2CO_2H$	1.63
DL－α－アラニン	$CH_3CHNH_2CO_2H$	0.77
β－アラニン	$H_2N(CH_2)_2CO_2H$	2.00
DL－2－アミノ酪酸	$CH_3CH_2CHNH_2CO_2H$	1.00
4－アミノ酪酸	$H_2N(CH_2)_3CO_2H$	2.30
2,4－ジアミノ酪酸(2HCl)	$H_2N(CH_2)_2CHNH_2CO_2H \cdot 2HCl$	0.85
DL－ノルバリン	$CH_3(CH_2)_2CHNH_2CO_2H$	1.07
5－アミノ吉草酸	$H_2N(CH_2)_4CO_2H$	1.88
DL－オルニチン（HCl)	$H_2N(CH_2)_3CHNH_2CO_2H \cdot HCl$	3.07
DL－ノルロイシン	$CH_3(CH_2)_3CHNH_2CO_2H$	1.21
6－アミノカプロン酸	$H_2N(CH_2)_5CO_2H$	0.70
L－リジン	$H_2N(CH_2)_3CHNH_2CO_2H$	0.70
D－グルコースのみ	——	0.64

pH8の緩衝液中、114℃、20分、グルコース・アミノ酸各0.1M濃度

① アミノ酸：各種アミノ酸の褐変の比較を表25に記す。

グリシンおよび塩基性アミノ酸が褐変しやすい。また、α－アミノ酸よりε－アミノ酸のほうが褐変しやすい。グリシンには静菌作用があるので、その目的のために使用するが、褐変には注意が必要である。

② 糖：糖は高温ではメイラード反応を起こすとともに、単独でも

カラメル化して褐色色素を生成する。常温保存においては、メイラード反応を起こす。この反応には還元末端基を有する糖がアミノ酸との反応に関わるので、直接還元糖量には注意が必要である。グルコース、フラクトース、乳糖、デキストリンがこれに当たる。

五単糖は六単糖の一〇倍という実験データもあるようで、フラクトースは、味はよいが、使用には注意が必要である。

乳糖は甘味が弱い（ショ糖の約二分の一）ので、乾燥食品では増量剤に使うが、褐変が問題になることがある。デキストリンは低分子ほど還元性があるので、適したものを選定する。蜂蜜も直接還元糖が多いので使用した食品の保存性には注意しなければならない。

③ pH：pH三以上で反応が起こり、pHが高いほど褐変は早い。

④ 水分：メイラード反応は水分が一〇～一五％のときが最大である。液状の食品では水分の影響はあまり見られないが、乾燥食品では、水分が高いほど褐変しやすく、一％の差が保存性に大きく影響する。乾燥食品では二％程度まで乾燥できれば理想である。

⑤ 温度：メイラード反応のQ_{10}値は三～五といわれている（多くの褐変は三程度）。温度の影響は大きいので、冬期と夏期では賞味期限にかなりの差を生じる。

⑥ 酸素：常温付近では、酸素の影響は大きい。この抑制には酸素を遮断するのが効果的である。好気性菌の抑制と同様にガス置換包装、真空包装、脱酸素剤包装が褐変抑制に効果がある（Ⅵ章参照）。八〇℃以上の高温下では温度の影響が強く、酸素の影響は少ない。

⑦ 微量不純物：鉄イオン、銅イオンは酸化反応の触媒作用があるが、メイラード反応にも影響するといわれている。

(2) クロロフィルの変色

緑色野菜の色素クロロフィルは、植物組織の中ではタンパク質と結合して安定した状態にあるが、加熱するとタンパク質の変性によって結合が弱まり、遊離して分解しやすくなる。クロロフィルは保存中にも分解が起こり、フェオフィチン、フェオホーバイトに変化して緑黄色、黄色に変色する。また、クロロフィルは酸性下では分解が促進される。故に酵素を失活するためのブランチングあるいは調理では温度、時間の関係と、野菜および液のpHに留意せねばならない。

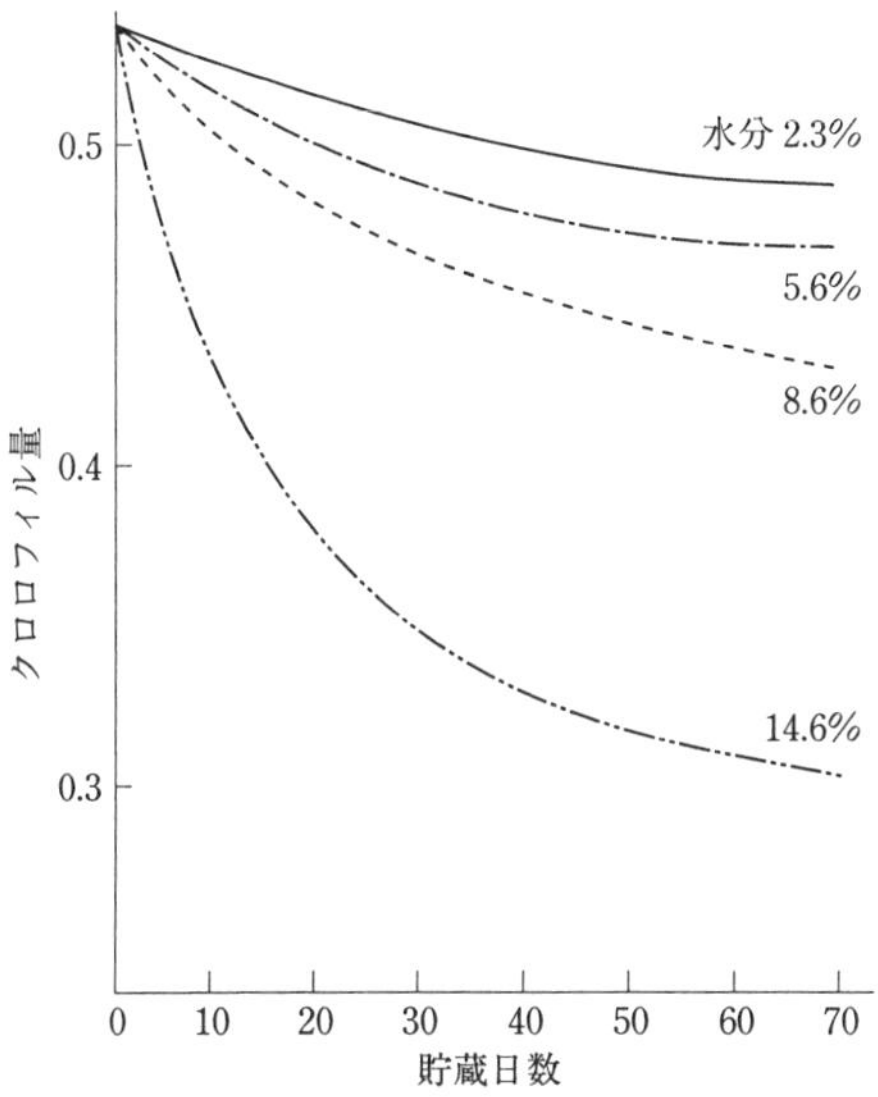

図23　海苔水分とクロロフィルの分解[21)]

貯蔵中における変色は、pH、温度、酸素に影響される。乾燥食品の保存では特に水分（茶、海苔では三％以下、図23）、光による変化（遮光包材の使用）に留意しなければならない。

(3) その他の色素の変色

カロチノイド、フラボノイド色素も、酸素、温度、光、重金属によって変色が促進される。しかしクロロフィルほど激しくはない。色素の変色抑制には、アスコルビン酸の添加が有効である。あるいはクロロフィルと同様に包装で対処することも必要である。フラボノイド色素の中にはpHの影響の大きいものがある（ハイビスカス、ビートレッド）ので使用時に留意する必要がある。

(二) 香の変化

(1) 油脂の酸化

食品の保存中に起こる香の変化は、油揚げ菓子などに起こる油脂の酸化による異臭の発現が代表的なものである。油脂の酸化は、主として不飽和脂肪酸の自動酸化である。油脂の酸化によって生成する悪臭は、自動酸化によって生成したハイドロパーオキサイドが分解して生成したアルデヒド類が主成分である。保存中の油脂の酸化は乾燥食品など低水分食品で問題になる。油脂の酸化に影響する諸因子を次に示す。

表26　各脂肪酸の酸化速度の比較[22)]

脂肪酸	2重結合の数	Sterton (100℃)	Holman (37℃)	Gunstone (20℃)
ステアリン酸	0	0.6	—	—
オレイン酸	1	6	—	4
リノール酸	2	64	42	48
リノレン酸	3	100	100	100
アラキドン酸	4	—	199	—

①油脂の脂肪酸組成：不飽和基の多い脂肪酸ほど酸化しやすい（表26）。
　液体油は不飽和脂肪酸を多く含み、固体脂は少ない。特に二重結合が三個あるリノレン酸を含む油（例えば大豆油）は保存性に乏しいので、長期保存をする乾燥食品、米菓などへの使用は、酸化が問題になるので避けた方がよい。当然五個、六個の二重結合を持つ高度不飽和酸が多い魚油は酸化に極めて不安定である。

②酸素：異臭の発生は少量の酸素で起こる。含気包装の場合は容器の中の酸素で十分である。油脂の酸化は酸素との接触面積と関係するので乾燥食品、特にポーラスな凍結乾燥食品は酸化されやすい。酸化を防止するには脱酸素剤パックなどを挿入して、容器内の酸素を除去するのがよい（残存酸素量は、通常二％以下、凍結乾燥品の場合は一％以下）。
　また、酸化防止剤の添加も有効である。BHAなどの酸化防止剤があるが、最近では表示の都合上、α－トコフェロールなどの天然抗酸化物質が使用されている。

③温度：油脂の酸化速度は温度に影響される。Q_{10}値は二といわれている。

④光線：油脂の酸化には光、特に紫外線が酸化を促進する。可視光線でも波長五〇〇nm以下の光線の影響が大きい。油脂含量の高い食品ではアルミ箔などの光を通さない包材を使用するのが無難である。

⑤その他：鉄（Fe）、銅（Cu）、ニッケル（Ni）などの遷移金属は酸化を促進する。これは製造に起因する因子で銘柄による差異になる。

また油脂の種類によっても抗酸化物質の量が異なり、不飽和度以外の因子となる。例えばゴマ油は天然抗酸化物質を含有しており、極めて酸化に対して安定な油である。一方、動物脂は抗酸化物質が少ないため不安定である。ラードは不飽和脂肪酸は少ないが、抗酸化剤の添加が不可欠である。また、長時間揚げものをした油脂も抗酸化剤が失われ、反応ラジカルが生成しているため、酸化が進行し、保存性が悪い。

(2)　褐変反応

メイラード反応の中間段階では、ストレッカー分解が起こり、アルデヒド、ピラジンを生成する。このため保存中に褐変臭、さらに進むと焦げ臭が発生して香が変質する。メイラード反応による香の変化は色と密接に相関するので、変色防止と同様な策を検討するとよい。

(3)　酵素反応

野菜類は未加熱の状態で、加工食品に使用した場合、保存中に異臭を発生することがしばしばある。これは野菜中の酸化酵素によるものである。酸化酵素を失活させて、異臭の発生を防止するためには、ブランチングと呼ばれる沸騰水中で数分の軽度の加熱処理が行われる。冷凍野菜や乾燥野菜の製造では一般的に行われている。

牛乳では加熱が不充分だと、耐熱性の大きいパーオキシダーゼが残存し、油脂を酸化して異臭が発生することがある。

にんにくの炒め処理で、通常の一五〇℃・一分炒めを一〇〇℃・一〇分に変えることで保存中の異臭の発生を抑制した経験がある。これは表面を焦がさないように温度を下げ、加熱時間を延長して、中心部まで充分加熱したことで、酵素を完全に失活させたためと推定する。

酵素は細胞が破壊されると、作用するので、香を好まない場合は、カッティング前にブランチングする方法もある（にんにくの無臭化）。

(三) 味の変化

(1) 酵素分解

食品の味は甘味、鹹（塩）味、酸味、苦味、旨味の五つの基本味で構成されている。これらは味蕾によって感知される純粋の味覚であるが、その他に口腔内の皮膚感覚（辛味、渋味）、たべものを口に含んだときに口腔から鼻腔に抜ける臭い感覚（風味）が混ざって「味」として認識されるのが一般的である。基本味に関与する成分は保存安定性が高いものが多く、厳密な意味での味覚の変化は色、香に比べて少ない。

加工食品の保存中に発現する味の変化は、褐変反応、油脂の酸化反応などで発現する収斂味、刺激味、苦味、味ボケなどいわゆる広義の「味」が多い。その中で、例外は旨味である。旨味は、通常はグルタミン酸ナトリウムと呈味性ヌクレオチドナトリウム（5′IMP-Na, 5′GMP-Na）を併用し、

表27　各種条件で火入れした醤油中の5'－リボヌクレオチドナトリウムの残存率（%）[23)]

火入れ条件	24時間後	10日後	1カ月後	3カ月後
70℃　直ちに水冷	100.0	41.5	52.0	10.0
75℃　〃	100.0	100.0	90.7	67.0
80℃　〃	100.0	98.2	85.8	85.4
85℃　〃	100.0	100.0	100.0	100.0
70℃　20分	100.0	100.0	93.4	74.4
75℃　〃	100.0	94.8	95.8	76.6
80℃　〃	100.0	100.0	100.0	100.0
85℃　〃	100.0	100.0	100.0	100.0
火入れせず	25.2	0	—	—

（注）5'－リボヌクレオチドナトリウム0.05％添加，保存容器300ml共栓三角フラスコ

表28　加熱条件とホスファターゼ活性及び5'－リボヌクレオチドナトリウム残存率（%）[23)]

検　体	加熱条件*		ホスファターゼ活性（単位）	（30℃保存）5'－リボヌクレオチドナトリウム残存率(%) 1か月	2か月
信州味噌	無加熱		0.1846	—	—
	80℃	5分	0.0177	76.7	50.3
		15分	0.0048	76.7	58.2
	85℃	5分	0.0035	87.3	68.8
		15分	0.0027	84.7	66.1
	90℃	5分	0.0008	84.7	66.1
		15分	0.0006	84.7	68.8
仙台味噌	無加熱		0.2390	—	—
	80℃	5分	0.0153	76.7	—
		15分	0.0095	79.4	60.8
	85℃	5分	0.0020	84.7	63.5
		15分	0.0017	84.7	63.5
	90℃	5分	0.0010	87.3	63.5
		15分	0.0006	87.3	60.8

＊薄層袋詰，温湯浸漬

その相乗効果を利用して付与する。問題は後者が、酵素（主にフォスファターゼ）によって容易に分解されることである。

きゅうりの漬物にヌクレオチドを添加した例では一昼夜でほとんどが分解されたことがある。食品中のフォスファターゼには、未加熱の原料動植物に由来するもの、発酵に関与する微生物が産生したものがある。前者の例は漬物であり、後者の例は味噌、醤油である。これらの食品はこのままの状態で使用することは困難である。そこでフォスファターゼの作用を抑制するために、食品を八〇℃以上の温度で加熱することによって失活させる方法をとる。

醤油の火入条件とリボヌクレオチドの残存率の関係を表27に、味噌の加熱処理とフォスファターゼおよびリボヌクレオチドの残存率の関係を表28に示す。

（四）シェルフライフの予測

（1）食品の変質速度

食品開発においては、発売前にその商品の流通温度下における保存可能期間（シェルフライフという）を知ることは重要である。微生物による腐敗は、その食品の菌叢、あるいはAw、pHから推定ができるように、化学的変化（酵素反応を含む）についても高温度下で保存する促進試験により比較的短期間に推定することが可能である。

食品の保存中に起こる化学的変質の因子は、温度、水分、酸素、pH、光などである。それらによって起こる変質はいずれも一次反応である。故に、食品の変質速度式は次の式のように表わせる。

$$[Q] = [Q_0]\ e^{-Kt}$$

$$K = K_{(温度T)} \cdot K_{(水分m)} \cdot K_{(酸素O)} \cdot K_{(pH)} \cdot K_{(光\nu)}$$

食品が適正に包装されている場合は、保存・流通過程では温度以外の因子の変化による影響は小さいといえるので、変質速度は温度の関数として、右の式は次のように簡略化される。

$$K = K_{(温度T)} = K_0 e^{-E/RT}$$　（アルレニウスの式）

（E：活性化エネルギー　R：ガス定数　T：温度）

そして、ある変質量に到達する時間（t_f）は温度の関数として次の式で表わすことができる。

$$\ln t_f = A_0 + A_1\ (1/T)$$

（t_f：ある変質量に到達する時間　T：保存温度　A_0、A_1：定数）

温度（T_1、T_2）間のある変質量に到達する時間差は近似的に次の式で表わされる。

$$\Delta\ (\ln t_f) = -A'\ (T_1 - T_2) = -A'\ \Delta T$$

すなわち、変質量を商品としての限界値に採れば、保存温度と保存可能期間の対数の間には直線関係が成立する。これをT・T・T（Time Temperature Tolerance）といい、図に表わしたものをT・T・T線図という。

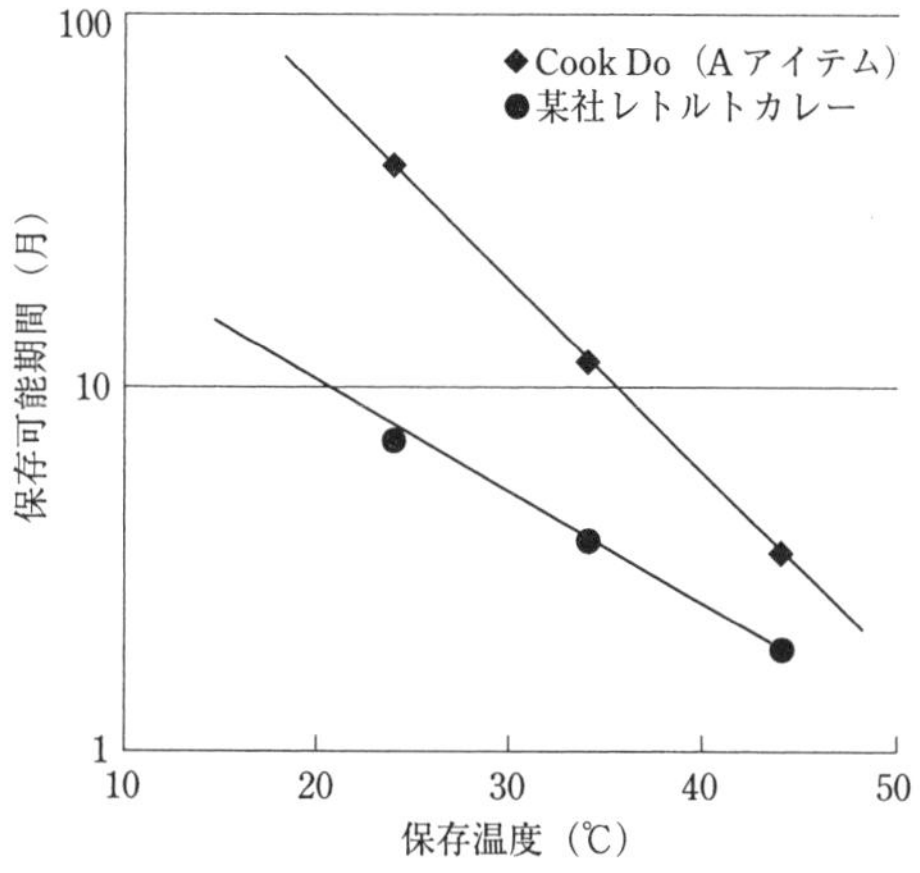

図24　T.T.T線図例

温度と劣化速度の関係は表29に示すように食品および食品成分に固有の値をとる。故に反応速度倍率を求めれば、流通温度下の保存可能期間（シェルフライフ）の推定が可能である。

表29　食品の速度倍率*

食品の劣化の種類	速度倍率	食品の劣化の種類	速度倍率
トマトの褐変	1.8～2.5	大豆油の酸化	2.5
醤油の褐変	2.4～3.0	ゴマ油の酸化	1.4～1.6
コーンの風味劣化	2.3～3.0	β－カロチンの劣化	2.7

＊速度倍率：温度が10℃上がった場合、劣化速度が何倍になるかを表わす。Q_{10}という。

速度倍率は、予め何段階かの温度条件下で保存試験を行い、各温度下の保存可能期間を実験的に求めて算出できる。

(2) 促進保存試験による推定

常温流通の食品に対する促進保存試験は次のように行う。

① 基準温度の設定：食品が保管される環境の温度は、昼夜および四季を通じて周期的に変化する。また流通する地域によっても異なり、保管場所によっても異なるから、これらを配慮して流通温度（平均値）と同等と思われる「ある一定の温度」すなわち**基準温度**を設定する。

シェルフライフは「基準温度下で賞味できる限界に到達するまでの期間」を示すので、基準温度が変わればシェルフライフは変わる。

基準温度は国内流通の場合は安全率を見込んで、日本の都市で最も過酷な温度条件下にある沖縄県那覇市の平均気温（二四℃）、東京の平均気温（一六℃）、あるいは流通倉庫の平均的温度を用いるなどいろいろの考え方があるが、特に公定の基準温度は定められてないので、現時点では合理的な基準を自主的に設け、納得できる温度を設定すればよいと思う。

ちなみに私の経験では、市場から回収した常温流通一か年経過の製品の変質は、二四℃・一か年経過とほぼ一致していた。

② 促進試験温度の設定：基準温度プラスゼロ、プラス一〇、プラス二〇℃にて定温保存試験を行う。

③ 変化の定量：保存中に予想される化学的変化のうち、変質を律速するものの変化量を経時的に測定する。未知の場合は、測定項目はなるべく多くとり、保存中に起こる種々の変化を把握し、律速する項目を選定するのが良い。一般的には色か香が律速項目となることが多い。変化量の測定は数値化する。官能評価に依らざるを得ないもの（香、味、歯切れ、滑らかさなど）は、

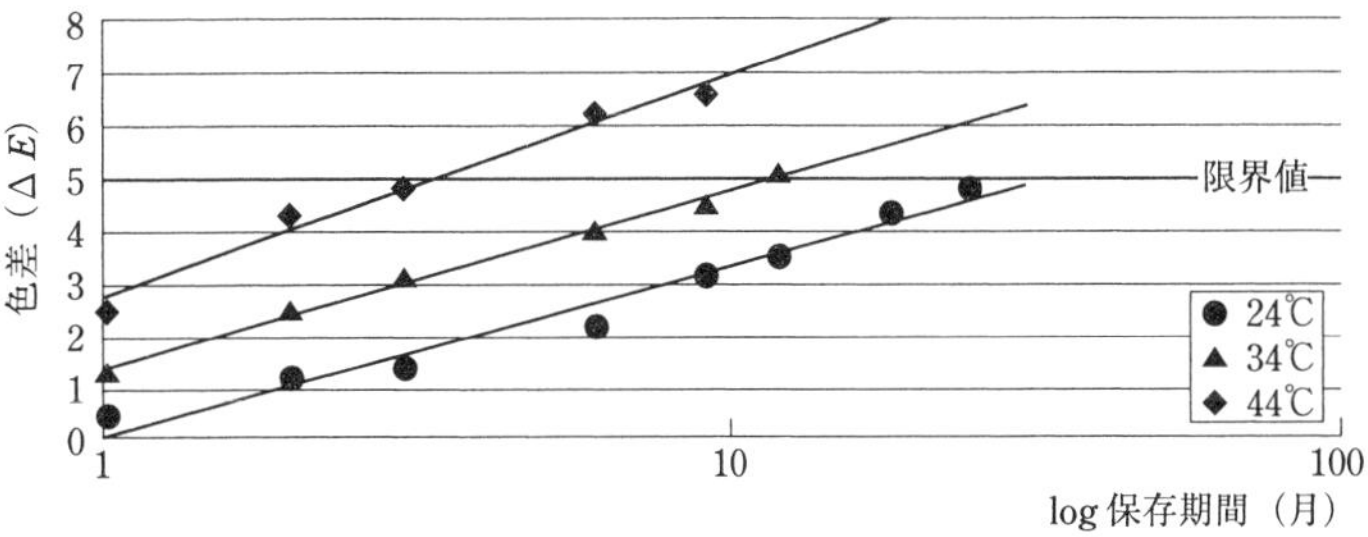

図25　各保存温度における色の変化

官能検査を評点法で行う。

④ 各温度での保存可能限界値：各項目の変化の限界値を定め、その到達時間を求める。例えば色差の場合は$\Delta E = 5$（色の相違が容易に識別できる変化）、官能検査の場合は、限界状態の評点を五点満点で三とするなどに決める。いずれの場合も変化は複雑であり、サンプル間のバラツキも出るので項目別に変化量と時間の図から限界値に達する時間を求めるのが便利である（図25参照）。

⑤ シェルフライフの推定：各項目について、基準温度プラス一〇およびプラス二〇℃の促進条件下での保存可能期間を求める。そしてT・T・T線図を作成して、T・T・T線を基準温度に外挿して、基準温度の保存可能期間を推定する。図26の例は、図25の三四、四四℃の色調の限界値到達時間より、基準温度二四℃のとき、シェフライフ三〇か月と推定している。

　シェルフライフは全項目の中で最も変化速度の大きいものの基準温度における保存可能期間である。

⑥ シェルフライフの確認・設定：推定の精度を上げるには、保存

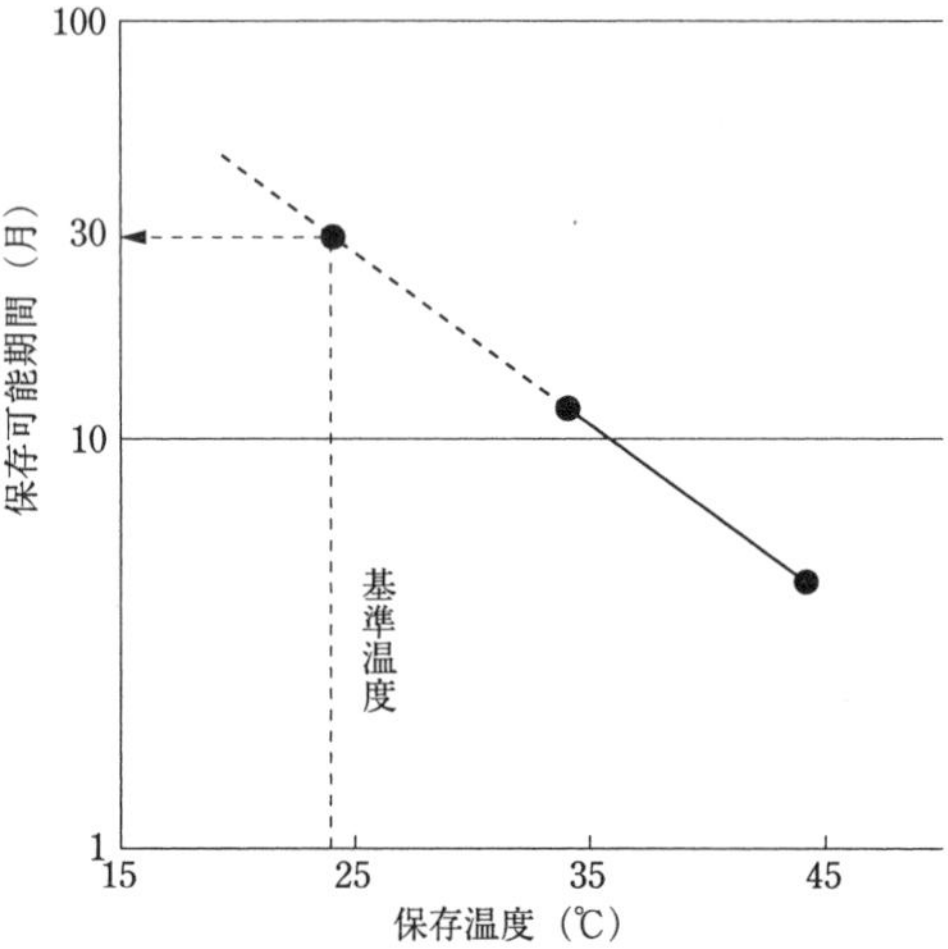

図26　保存可能期間の推定

試験を継続し、基準温度における保存可能期間を確認するのが好ましい。そして、Q_{10}を算出しておけば、任意の温度のシェルフライフを推定できる。

しかし、いずれにしてもこの方法は短期間にシェルフライフを推定するためのモデル系の定温試験である。また、たとえば色調の変化だけをみても、その要因がひとつでない場合、T・T・T線は屈折することがある。最終的には、流通条件下での保存試験、市場流通品の追跡調査により、シェルフライフの確認、修正をする必要がある。

⑦ シェルフライフの推定の簡便化：現在は商品開発期間が短縮され、この方法でも時間がかかりすぎることがある。それで私が行った便法を紹介する。

（その一） レシピーが近似する既存品との比較：プラス二〇℃の試験を実施し、既存品のプラス二〇℃の保存試験結果と比較し、既存品のシェルフライフからおおよその推定をする（商品設計を満足するか否か程度の判断）。

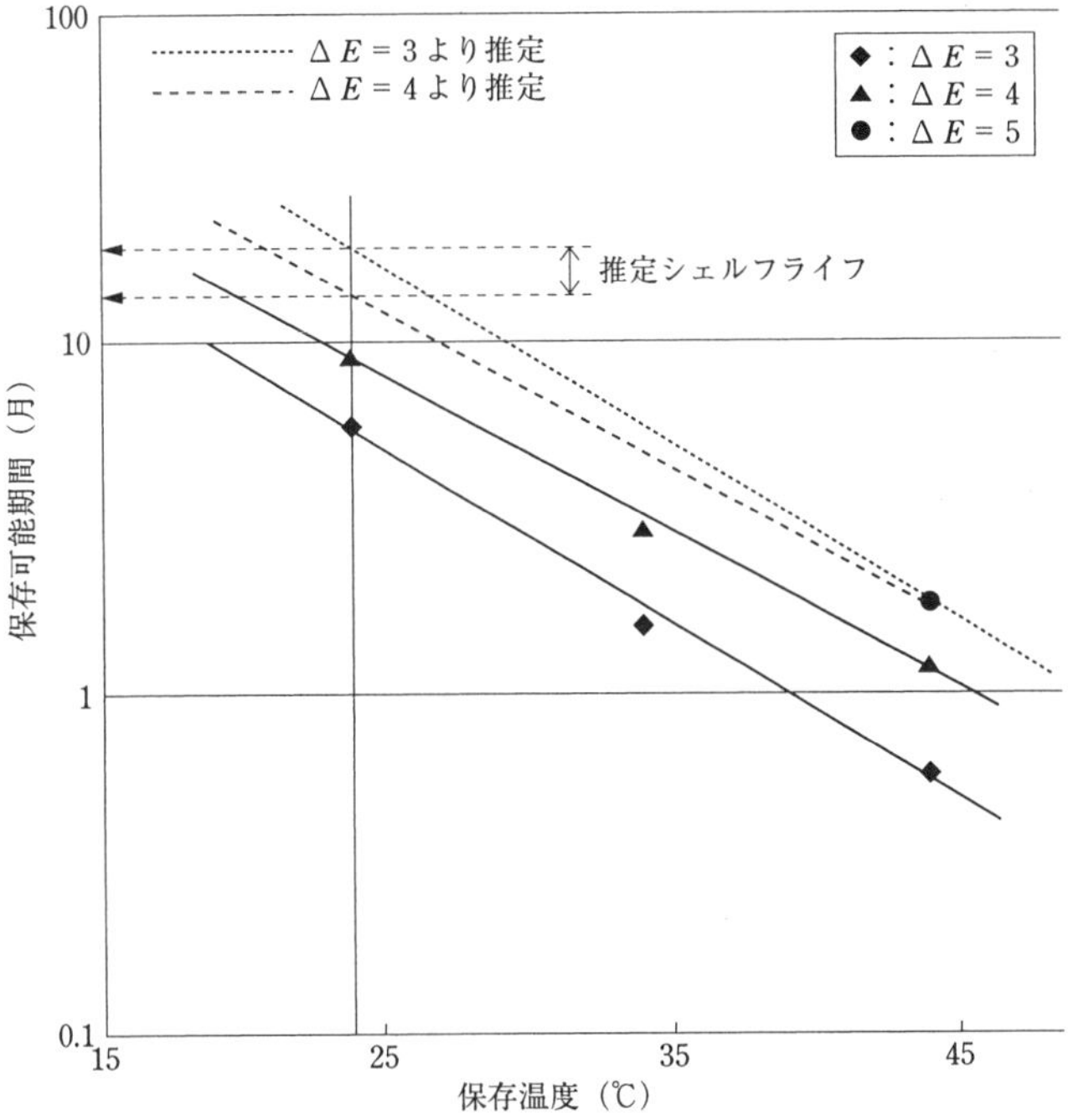

図27　簡便な保存可能期間の推定法

(その二) 変化量の小さいレベルでの到達時間から推定：色の変化が律速する系を例に説明する（図27）。

(1)　基準温度（二四℃）プラスゼロ、プラス一〇、プラス二〇℃の保存試験を実施し、色の変化（ΔE）を経時的に測定する。

(2)　三段階の温度における$\Delta E = 3, 4$に到達する時間を求め、T・T・T線図を作成する。

(3)　＋二〇℃における色の変化が限界（この場合$\Delta E = 5$）に到達する時間を求め、T・T・T線図上にプロットする。

(4)　ΔE＝3, 4のT・T・T線を、プラス二〇℃のΔE＝5到達時間の点まで平行移動し、その場合の基準温度における到達時間を求め、シェルフライフをおおよそ推定する。

何回かの試験結果では、ΔE＝5の実測値とほぼ一致した。

三．物理的変質コントロール技術

加工食品は、保管中にそれぞれが持つ特有の物性が変質することがある。この変質も食感のみならず、食味、栄養価にも関係して商品としての価値を損なう。また化学的変質と原因を同じくして同時並行して進行する場合もある（例：吸湿による軟化と着色）ので、変質のメルクマールとなることもある。現象を切り口にして事例を紹介する。

(1)　吸湿と乾燥による食感の変化

食品が吸湿、乾燥により商品価値を失うことは容易に理解されると思うが、わが国は比較的多湿の環境にあり、冬期の例外を除き湿度は七〇％以上になるので、乾燥食品は容易に吸湿する。また、吸湿により酸化、褐変などの化学変化も促進されることは前述した通りである。

全ての物質はそのものの水分含量に関わらず、一定の温湿度の環境においては、水分の放出あるいは吸収を行い、一定の水分含量になる（平衡水分量という）。それで乾燥食品では吸湿が起こり、多水分系食品では乾燥が起こって、食感が変化して商品価値を失うことがある。

相対湿度とそれに対応する平衡水分量の関係を図示したものが水分吸着等温線である。煎茶の水分吸着等温線を図28に示す。

日本茶の品質は、含水率五％以下が良いとされ、通常三％程度に保持されている。吸着等温線によれば、含有率三％に相当する相対湿度は約一六％で、五％は湿度四〇％である。[24] 吸湿は湿度の高いほど早いので、日本茶の場合、防湿対策を採らなければ、容易に商品価値が失われることは明らかである。

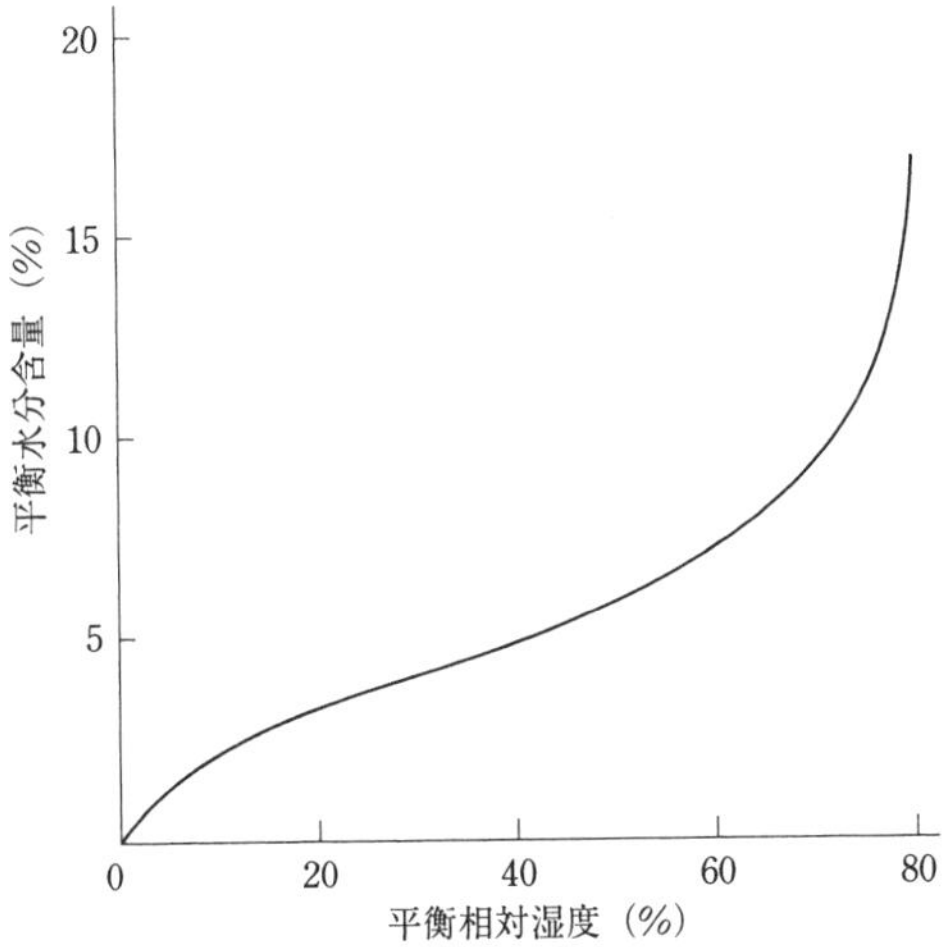

図28　煎茶の等温吸着線[24]

乾燥菓子では吸湿により水分が二〜三％増加すれば商品限界になる。スナック菓子は初期水分一〜二％、限界水分五〜六％、ビスケットは初期水分三％、限界水分六％といわれている。[39]

平衡水分量はその食品の化学組成によって異なる。また成分間の相互作用がある。図29にショ糖とブドウ糖の混合比率と吸湿量の関係を示す。シ

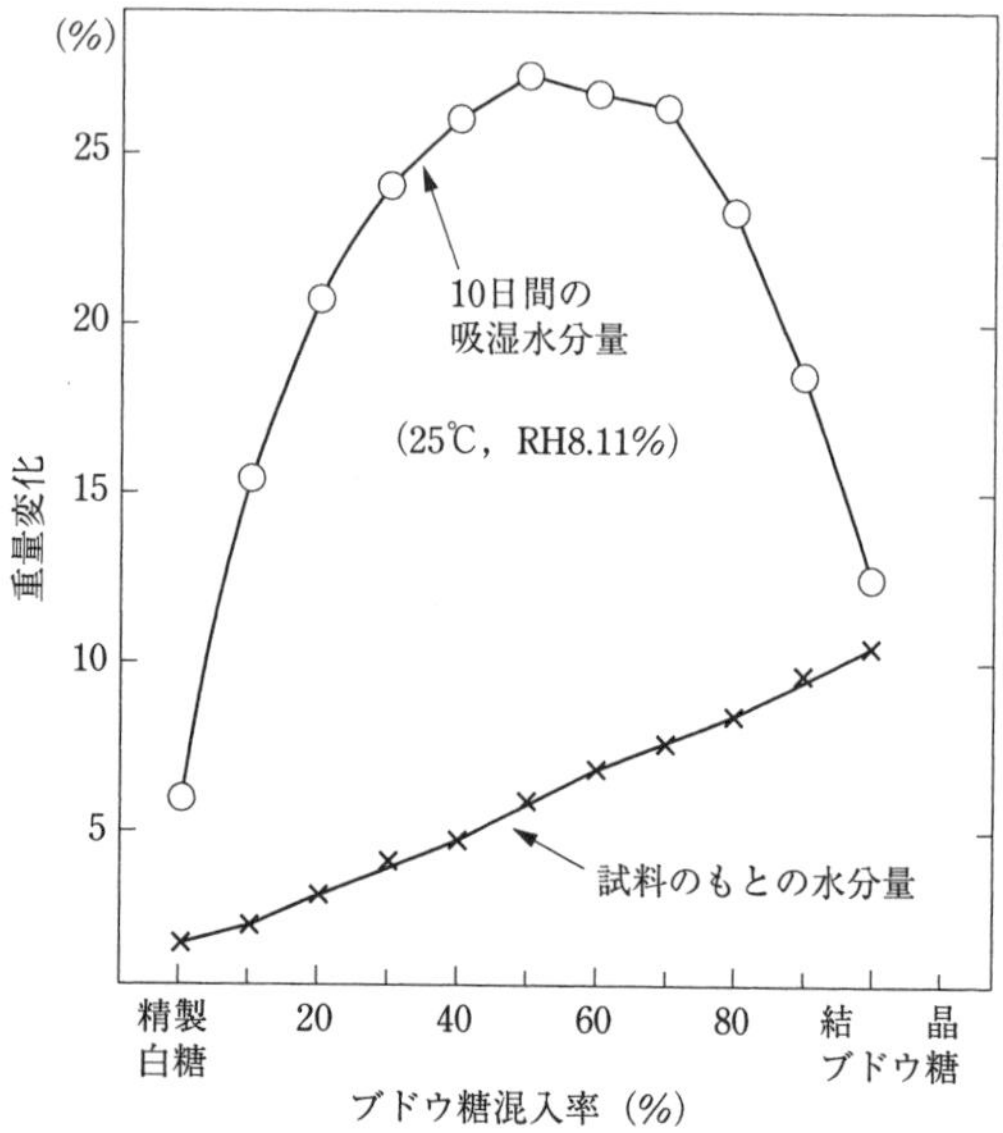

図29　精製白糖と結晶ブドウ糖の混合比別吸湿量[25)]

ヨ糖、ブドウ糖は単独では吸湿性が小さいにもかかわらず、両者を混合した場合には相乗作用することを示している。これと同様な結果が、有機酸、アミノ酸にもある。食品は食味を優先して配合を決定し、結果として吸湿の問題が出てくることが多い。そして、食品は非常に多成分になるので、組成をコントロールすることは極めて難しい。

吸湿の防止は、包装によって外気と遮断することが一般的な方法である。水蒸気遮断性のある包材を使用し、さらに吸湿しやすい食品には乾燥剤を内包する（Ⅵ章参照）。

異種の素材を同封した場合、水分量の高い素材から低い素材へ水分の移動が起こることがある。特に乾燥食品では、レシピー作成時にはこの点も留意する必要がある。

吸湿は湿度が一定の場合、数時間から、数日の間に平衡に達するので、商品価値限界になる平衡水分量、平衡相対湿度（Aw×100）については、開発時に確認しておくのがよい。包材選定に繋がるはずである。

(2) 固　結

乾燥食品、特に粉末化した水可溶性食品たとえば粉末醤油などではしばしば見られる現象である。製造当初はさらさらした粉末が時間の経過にともない粉末粒子が互いに付着しあって硬い塊状になる。粉末製品の固結は、吸湿、熱軟化、粉粒体粒子間力で起こるが、ほとんどは吸湿によるもので、水分含量と環境温度に密接に関係している。

水分含量が高い、環境温度が高い場合に固結は促進される。水分含量は初期水分と包装工程あるいは開封後の吸湿に関係する。製品の固結の防止には、①乾燥工程で充分乾燥する、②乾燥品の吸湿を防ぐため、調湿した室内で充填包装する、③水分透過性の少ない包装材料を用いる、④その他に圧力（荷重）によっても固結は促進されるので、含気量を増やす方法がある。使用段階で、開封後の吸湿防止をするには、粒子の接触を防ぐため、不溶性の粉末（蛋白、デンプン、無機塩）を混合する、あるいは粉末粒子の表面積を小さくするために造粒するなどの方法が採られる。

(3) 老　化

保存中に、食品の粘性が滑らかさを失い、ボテボテしてくる現象、あるいは食感がボソボソしてくる現象がある。これはデンプンを多く含む食品に起こり、デンプンの老化によるものである。

デンプンは水を加えて加熱するとき、ある温度以上に到達すると水を吸収して膨化する（α化）。さらに温度を上げるとデンプン粒の被膜が破裂してアミロースが遊離し、いわゆる糊状になる（糊化）。加熱によってα化したデンプンは低温で保管されると徐々にデンプン分子が再凝集して、分子内に取り込んだ水を排出する（老化）。その結果、滑らかさ、弾力が失われ、ボソボソした食感になる。糊の場合ははっきり離水してくる。

デンプンの老化に影響する因子を次に示す。

① 温度の影響：老化は凍結点よりやや高い二〜四℃が最もすすみやすい。デンプン糊液の水が完全に氷結晶となるマイナス二〇℃以下では長期にわたり老化現象は見られない。

冷凍する場合、老化を防ぐためには急速凍結が良い。また凍結・解凍を繰り返すと老化が促進される。

高温の場合、六〇℃以上では、老化はほとんど起こらない。デンプンで粘度をつけた場合、二〇℃以上では、長期にわたって老化はみられなかったが、常温は水分量によって老化が起こる微妙な温度である。

② 水分：デンプンの糊化には水分が必要であるが、同様に老化の場合もある程度の自由水が必要である。水分一〇〜一五％以下の低水分食品（米菓、ビスケットなど）では分子が固定された状態にあるので老化は起こらない。最も老化を起こしやすいのは、水分三〇〜六〇％程度の範

囲である。米飯、パンなどがこの範囲に含まれる。五〜二〇％濃度の糊ではゲル化し、さらに老化が進むと離水する。軽度の老化の場合は、外観は損なわれるが、加熱により実用上は問題ないまでに再糊化する。

③デンプンの種類：アミロースは直鎖分子であるために、容易に会合しやすく、老化はアミロースから起こる。したがってアミロース含量の高いデンプンは老化しやすい。すなわち穀類デンプンはイモ類デンプンより老化しやすい。老化を抑制するためには、アミロペクチンの多いものあるいは老化抑制効果を付与した化工デンプンを使用する。

④糊化の度合い：老化には糊化の度合いが大きく影響する。老化を抑制するには、高水分下で充分に糊化し、デンプン粒を崩壊、分散させるのも一つの手段である。

⑤共存成分：親水性物質である糖質、塩類、またはタンパク、脂質は老化を抑制する。しかし、これらは糊化前に添加すると、デンプン粒の膨潤を抑制するので、逆効果になる。最近注目されている糖質にトレハロースがある[26]。界面活性剤もデンプン粒同士の結合や水の蒸発抑制により老化を抑制する（HLBの低いもの程効果がある）。

⑥その他：離水などの外観が問題になる場合には老化しない糊料（キサンタンガム、グアガムなど）を併用する。この場合は、食感の変化に要注意である。デンプン糊の食感の特徴は、口中で、唾液のアミラーゼで容易に分解することである。そのため粘る感じが残らないが、糊料では粘性が残るので違和感が出る。

デンプン糊の保存中の変化には、このほかに粘度の低下が起こることがある。pHが三程度の場合には酸加水分解、発酵食品を配合した場合ではアミラーゼによる酵素加水分解が起こることがある。

(4) エマルジョン破壊

乳化型食品には水中（分散媒）に油滴（分散質）が分散した水中油滴型（O／W型）と油中に水滴が分散した油中水滴型（W／O型）がある。マヨネーズ、ドレッシング、クリームなど多くの食品はO／W型、バター、マーガリンなどはW／O型である。乳化とは分散質を安定した状態に保持することである。そのためには乳化剤すなわち界面活性剤を添加し、機械的撹拌によって分散質を細かくして、分散質の凝集を妨がねばならない。乳化が不安定な状態にあるとエマルジョンは時間の経過とともに油滴が凝集してきて、ブレークを起こす。安定な乳化状態を形成するには乳化剤の選択と油滴の粒径を細かくかつ均質にすることである。乳化剤の選定は専門書を参考にされたい。

油滴の粒径は一〇ミクロン以下にすると安定である（牛乳は三ミクロン）。粒径はエマルジョンの味、食感に影響するので、この観点からの粒径の選択も必要である。しかし、乳化が不安定なエマルジョンを顕微鏡で観察すると、粒径分布が広く、粗大な油滴が混在している。それが凝集を誘発しているので、均質化がポイントではないかと思う。

エマルジョンは、分散質の少ないほうが安定である。食品の成分では、タンパク質はプラスに、塩類はマイナスに作用する。また液の粘性も安定化に効果がある。保管条件では、低温であることが好ましい。ただし、凍結は避けねばならない。凍結させると、二相に分離する。この対策は分散媒（水相）にデンプン、糊料を添加して粘度をつけるのが、効果的である。また振動衝撃もエマルジョン破壊の原因になる。輸送法、包装法を検討する必要がある。

(5)　物理的変化の予測

以上述べた物理的変化のうち、吸湿・乾燥の速度論的解析については不案内であるので、興味ある方は専門書を参照されたい。

デンプンの老化、エマルジョン破壊については、速度論的にはまだ捉えられていないので、化学的変化のように速度倍率を求めることは困難である。デンプンの老化については二～五℃、エマルジョン破壊については三〇～四〇℃の過酷な条件で虐待テストを行い、保存性既知の製品と比較して予測するのが、簡便な推定方法であろう。

Ⅵ．食品開発の共通技術（二）包装技術

一．食品の包装

（一）包装の役割

加工食品が種類、量ともに拡大し、流通が多様化するに伴い、包装も形態、材料ともに質的・量的に拡大した。図30は一人当たりの包装材料の消費量とGNPの関係を示したものであるが、GNPが増加すると包装材料の消費量は急激に増加することが判る。包装材料の消費量が増えることは、廃棄量が増えることで、環境問題上好ましいとはいえないが、経済の発展と共に、包装の役割・機能も拡大して、その必要性が増すことは明らかである。

包装とは「物を包み、物を容れ、物を緊結・固定し、一定の単位、形態を構成すると共に、包装されたものが位置の移動を伴うもの」と定義されているが、[27]その役割には、定義でいう機能の他に、物を保護することを含めた工業的機能、購買意欲をそそる外観の見栄え、商品のコンセプトの伝達

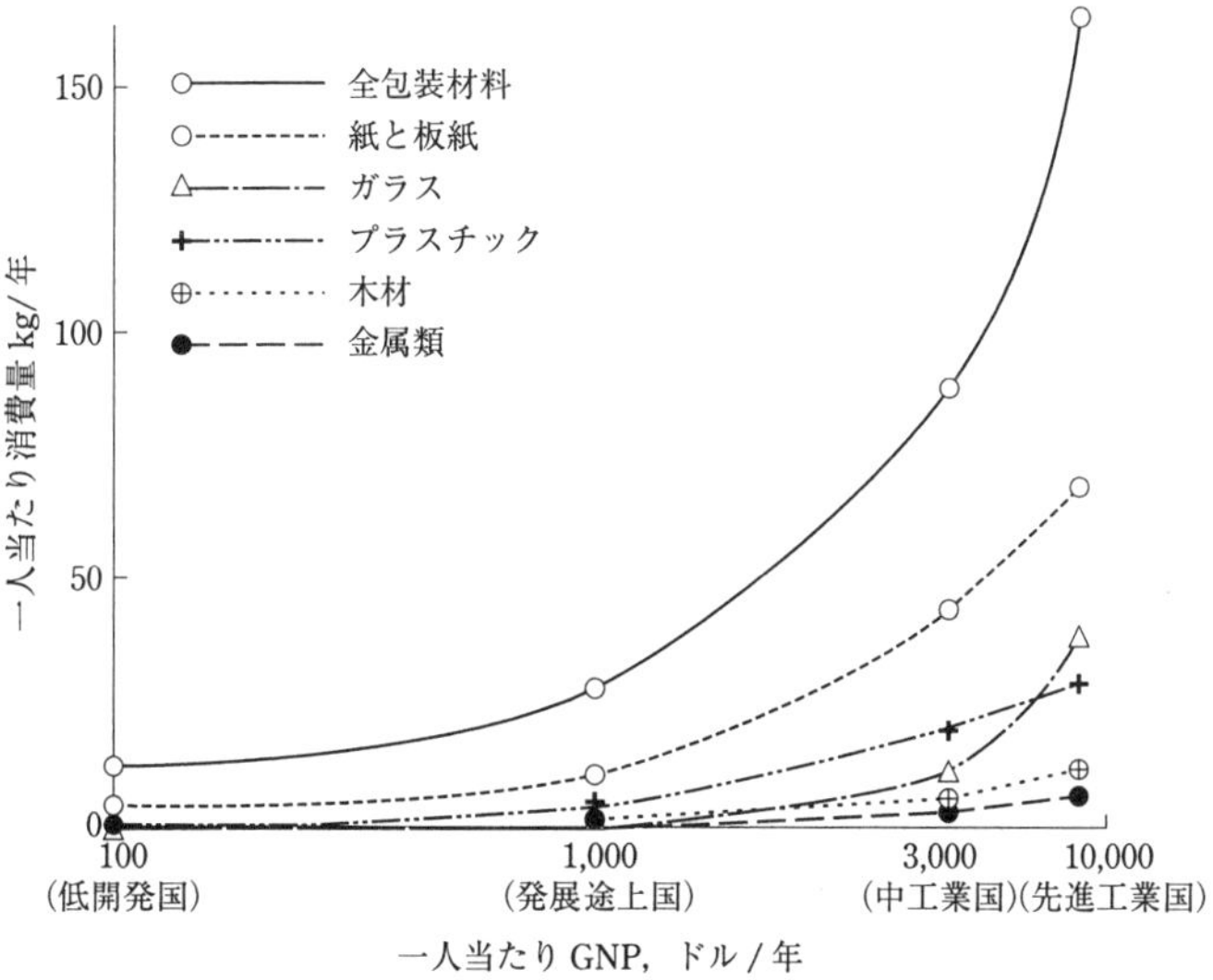

図30　一人当たりの包装資材消費予測（2000年）[27]

などの商業的機能、さらに内容物の表示などの社会的機能が求められる。図31に包装の役割と機能を整理・分類して示す。

(1) 工業的機能

包装の役割の中でも最も基本的なものは工業的機能である。そして開発の技術担当者としてもっとも関わりの深い事項であることは言うまでもない。

① 単位付与：定められた内容量ごとに包むあるいは容れることは、包装本来の役割である。中味の包装単位量の設定は、販売政策、消費者、あるいは使用者の使用実態、使用上の便利性からコンセプト作成段階で決まる。また、輸送保管上の都合から集積してコンテナ単位などで扱うこともある。

内容量については、計量法に軽量限

- ●工業的役割
  - 単位付与
    - 販売・消費上の適正な量に分割
    - 輸送・保管上の適正な量に集積
  - 中味の運搬・保管
    - 流通・保管の取り扱い易さ
    - 温湿度など環境条件への適合
    - 輸送中の衝撃・積載荷重の耐性
  - 中味の保護機能
    - 物理的損傷の保護
    - 化学的損傷の保護
    - 微生物的損傷の保護
    - 昆虫の侵入防止
  - 生産効率
    - 作業・機械適正
  - コストの妥当性
    - 包材費、包装作業費
- ●社会的役割
  - 安全衛生
    - 材質の安全性、工程の衛生状態
    - 誤用・いたずら防止
  - 表示
    - 食品衛生法、JAS法などへの適合
  - 環境汚染防止
    - リサイクル、ゴミ処理の問題
- ●商業的役割
  - 装飾的効果
    - 店頭でのアピール、購買意欲の喚起
  - 情報提供
    - 商品の長所、用途、効果の伝達
  - 便利性
    - 購入後の運搬性
    - 使用時のハンドリング性、保管性
    - 調理器具、食器としての適正

図31　包装の役割と機能

②

界が定められている。一方、使いきり商品では、個装単位は適正使用量を指示する機能であるから、過量が必ずしも良しとはいえない。また過量はロスと同じことであり、コスト低減のためにも計量精度が必要である。

中味の運搬・保管：これも包装本来の機能であるが、商品の運搬・保管をスムースに実施できる物流条件に適した外装の仕様が必要である。機械化、手作業などのハンドリング、環境条件（常温、チルド、冷凍、高湿度など）に適合する形態、材質である。

　中味の運搬・保管におけるも

う一つの役割には、内装、中味の機械的破損からの保護がある。機械的破損には、トラック輸送などで生じる振動、手荒な荷役などの衝撃による破損と、多段に積載した場合に静荷重によって起こる変形（クリープ）がある。前者にはプラスチックフォームなど緩衝材を詰める（緩衝包装）、包装形態、材質の選定で対応する。後者には外装材の強度アップ、内部仕切枠材の挿入、積載段数の制限で対応する。

③中味の保護機能：食品包装においては、食品は摂取するものであり、変質し易いものであるから、包装の安全衛生性と共に中味の保護に重点が置かれている。食品の変質の要因は、V章で示したように微生物作用、化学作用、物理作用がある。

食品の味覚的品質が高まるにつれて、食味の微妙な変化が問題になる。それは食品固有の性質によるところが多いが、包装によって抑制することが可能である。容器内の食品の変質を促進する光、酸素、湿度などを遮断・除去、香気の逸散防止、害虫の侵入防止などがある。

④生産効率：生産効率を上げる要因には、包装形態、包装材料が機械化可能であるかどうかに大きく依存している。また機械適性に欠ける場合には、「チョコ停」と呼ぶ包装機の一時停止が頻発して実稼働時間が減り、生産性に影響する。生産性はコストに影響することは当然であるが、包装作業のトラブルは包装不良の発生にもなりやすい。

⑤コストの妥当性：包装仕様の決定には、コストが大前提になることが多い。製品コストに占める包装費の比率は、商品が多様化している現在では一概に言えないが、包装の無駄は無くさね

ばならない。包装材料はバリアー性、強度などは必要最低限に抑え、なるべく既存の規格品を使用する。包装機械の共用などで稼働率を上げる。工場内で製袋、製函を行って（インプラント化）、輸送、保管経費の節減を図るなどの努力が必要である。

(2)社会的機能

法的義務と企業の社会的責任に関わることである。そのためには食品衛生法、計量法、景表法などについては熟知していることが必要である。

① 安全衛生：包装材料の安全性は、食品と接することから最も重要な機能であり、法的にも材質の基準を遵守しなければならない。これについては（二）包装の形態に述べる。

シール不良、異物混入などの包装不良は様々な原因で発生し、食品の安全性を阻害するものである。包装不良のゼロ化は困難であるが、個装当たりｐｐｍ単位への低減を目標としなければならない。

容器の開口時の手指の怪我の発生防止、また店頭での悪質な悪戯防止対策についても、現在の社会情勢から見て、対策が必要である。

悪戯対策を完全に実施するには重装備が必要で、完全な防止は実行困難であることは一般に認められているが、製造者としては、シール貼付などを含めたきちんとした封緘をして、中味を取出すためには切り裂くなど封緘を破壊しなければならないようにすることが必要である。

また封緘が破壊された場合には、それが容易に識別できるようにしなければならない。

② 表示：食品の原料、副原料が多様化し、加工・製造技術が進歩した結果、食品は身近な存在であったはずが、消費者には、製造技術は理解の範囲を超え、製造現場は見えない存在となった。そして、時々起こる不祥事は、消費者の疑心暗鬼を生んでいることは事実である。

消費者の不安を解消し、選択を可能にするために、製品の内容を消費者に開示することが義務づけられている。JAS法に従って適正な表示をしなければならない。

③ 環境汚染防止：包装材料は、製品が消費された後は廃棄物になる。廃棄物の処理は、容器リサイクル法が施行されたように、環境保護から社会問題になっている。

過剰包装の回避、包装材料のリサイクル、焼却の難易（特に有毒ガスの発生など）は社会的責任として、包装設計では検討項目に加えたい。

(3) 商業的役割

商品の魅力をつくり、売れ行きを左右する要素である。包装の基本設計はコンセプト作成段階で、商業的役割から決まることが多い。特に消費者対象の商品ではそうなる。包装技術はそれに基づいて工業的役割を全うする素材、形態、技法の選定が要求される。

① 装飾的効果：商品に魅力を与え、購買意欲をそそるためには装飾的効果が不可欠である。商品のコンセプトとマッチした、そして店頭で目立ち、アピールする包装デザインが必要である。

② 情報提供：装飾的効果が消費者の感性に訴求し、心理的満足を与えるのに対して、情報提供は商品の特徴や訴求したいことを伝達して、消費者が商品の価値を理解し、信頼感を持つように、消費者と知的に対話する役割がある。対面販売が減った現在では、簡潔なコピーで、用途、使用法、効果を消費者が店頭で理解できるようにすることが必要である。また、誤用の注意、廃棄法を表示するようになってきた。

③ 便利性：内容量の設定（単位付与）は包装の基本的機能であるが、単位量は、漠然とした商習慣から、あるいは購入しやすい価格にすることで決めることもあるが、消費者（使用者）の使いやすさからの設定が必要である。使いやすい、便利な包装は、最近では商品の機能の重要な要素である。これについて、家庭用を中心に少し詳しく述べる。

ポーション化：一回分の消費量に合わせた包装が、バター、砂糖、調味料類では、増えている。使いきりで、計量、残り分の保管不要という便利性で受けている。

運搬性・携帯性：購入状況、消費のＴＰＯが多様化しているため、それぞれのケースで持ち運びするのに都合の良い嵩（かさ）、重量、包装形態が要求される。

ハンドリング性：容器のシール、ふた等の開口のしやすさ、封のしやすさ、つかみやすさ、開け込み・取出しやすさ（液だれを含む）、計量のしやすさなどが、容器の使いやすさの評価対象である。

保管性：形状が収納場所にフィットすること、使い残り、仕掛品を保管する時の密封性が確保できることなどが要求される。

多目的化：包装容器は容器として以外に、調理器具あるいは食器として使用されている。冷凍食品などの電子レンジなどによる解凍・加温、カップ麺などの注湯調理によって、容器は調理器具にも食器にもなる。そのためには、耐熱性、断熱性などの機能と美装性が求められる。

加工原料用としては、使用する工場における運搬機器（ホイスト、フォークリフトポンプなど）への適応性や、作業性アップのために無計量化、使いきり化のできる包装単位付与の要求が高まっており、包装留め型（包装単位、形態がユーザーから指定された製品）もかなり普及しているのが現状である。

(二) 包装の形態

包装は個装、内装、外装に大別される。Cook Doの包装の場合、中華調味料をレトルトパウチに充填し（個装）、殺菌処理した後、紙箱に入れ、一〇箱ずつシュリンク包装し（内装）、段ボール箱に詰める（外装）形態をとっている。

個装は、中味個々の包装を指し、主には内容量の単位付与、中味を保護をするために、適切な容器・フィルムなどに充填、箱詰めあるいは包む。

内装は、個装したものを中味あるいは個装の保護と、商品の陳列効果、小口販売単位付与など商業的価値の付与のために、箱、袋、缶などに入れる。

表30　主なプラスチック包材の略号

名　　称	略　号	名　　称	略　号
低密度ポリエチレン	LDPE	ナイロン（ポリアミド）	Ny, PA
高密度ポリエチレン	HDPE	延伸ナイロン	ONy
延伸ポリプロピレン	OPP(OP)	未延伸ナイロン	CNy
未延伸ポリプロピレン	CPP(CP)	ポリビニルアルコール	PVA
塩化ビニリデンコートＯＰＰ	KOP	ポリカーボネート	PC
ポリ塩化ビニル	PVC	エバール*	EVAL
ポリ塩化ビニリデン	PVCD	エチレン酢酸ビニル共重合体	EVA
ポリエチレンテレフタレート	PET	アルミニウム真空蒸着フィルム	AlVM
塩化ビニリデンコートＰＥＴ	KPET	(その他の包材)	
一般用ポリスチレン	PS	普通セロハン	PT
延伸ポリスチレン	OPS	防湿セロハン	MT
耐衝撃性ポリスチレン	HIPS	アセテート	CA
発泡ポリスチレン	FPS, FS	アルミニウム箔	Al

＊エバールはクラレの登録商標（エチレンビニルアルコール共重合体）

外装は、内装したものを販売単位の付与、運搬・保管のために、箱、缶、袋などの容器に入れるか、もしくはひも、バンドで結束する。

現在はこれらを組み合わせた複合包装、大型輸送のためのタンクローリー、コンテナーやバルク輸送船舶などの多様な包装がある。

容器の形態は、材料によって決まることが多い。容器の形態の代表的なものは、金属缶、ガラスビン、紙箱である。これら古典的な包装材料の最近の材質、製造法については専門書を参照してもらうとして、その出現が包装容器に革命を起こしたプラスチック包装材料について述べる。

プラスチックは、加工性に優れており、特性の異なるものが多品種開発されているので、ほとんどの形態の包装容器が作れる。そして小はポーションパックから、大はコンテナに到るまでの容量が揃っている。そして経済性に優れているのが、大きな

表31　プラスチックを使用した包装形態

分類	形態	内容
フィルム	袋詰包装	ピロー包装：フィルムを筒巻にしてシールし、両端をシールした枕（ピロー）状の袋 平袋：フィルムを二つ折りし、3方をシールした袋（三方シール）とフィルム2枚を合わせて、4方をシールした袋（四方シール）がある。 ガゼット袋：胴部の両脇に折りたたみ部をつけて、広げると直方体になる自立性のある袋 スタンディングパウチ：底部を折込んで、底が広がるようにした自立性のある袋
	ストレッチ包装	製品を入れたトレーに、塩化ビニルなど伸展性のあるフィルムを引き伸ばしながら密着させ、周辺を折りたたんで包装する。
	シュリンク包装	熱収縮性フィルムでラフに包み、熱風あるいは赤外線加熱炉に通して収縮させ、中味に密着した仕上りにする。封緘・集積の目的で使われる。
	ストリップ包装	2枚のフィルムを窪みのついた2本の熱ロールの間で張り合わせながら、窪み部分に錠剤、粉末を挟んで連続帯状に区画包装する。
	折りたたみ包装	直方体の食品を載せ、その稜線に沿って包材を折りたたんで包む。キャラメルなどの個装に使われる。
	ひねり包装	固形の食品を包材で覆い、両端をひねって包む。飴などの包装。
	スリーブ包装	物品にフィルムを巻き付けて止めるだけの包装。
	スパイラル包装	円筒状の物品にテープ状の包材を蔓巻に巻き付ける包装。
成形品	トレー包装	シートを事前に皿状に成形し、中味を充填した後、ストレッチ包装あるいはピロー袋に入れて包装する。惣菜、生鮮物などの包装
	ブリスター包装	凸型に成形したシートに中味を充填した後、シートあるいは板紙の蓋をシールする。スライスハムなどに使われる。
	ボトル詰包装	用途、機能性、成形性から様々な形状のボトルがある。大別すれば硬質ボトルと軟質で形状が復元するスクイーズボトルがある。
	カップ詰包装	容器の深さが口径の1/2以上の容器をカップといい、開閉性のある緘合蓋、あるいはフィルムをヒートシールして蓋をする。
	コンツーア包装	塩化ビニルシートなどを食品の形に成形しておき、その容器に食品を入れて包装する。生卵などに使われる。
複合型	バッグ・イン・ボックス	段ボールの中に口栓付のプラスチック袋が入れられており、プラスチックの口から液体食品の充填、開け込みをする。内容量は3～25lの液体輸送用容器

包装材料として必要な諸性質
- 衛生性——無味、無臭、無毒など
- 保護性
  - 物理的強さ——引張り強さ、伸び、破裂強さ、引裂き強さ、耐折強さ、衝撃強さ、緩衝性、耐摩性など
  - バリアー性（遮断性）——防湿性、防水性、防気性、保香性、断熱性、遮光性、紫外線吸収性など
  - 安定性——耐水性、耐光性、耐薬品性、耐有機溶剤性、耐油脂性、耐寒性、耐熱性、耐候性など
- 作業性
  - 包装作業性
  - 機械適応性
  - ——こわさ（腰の強さ）、すべり性、非帯電性、熱封かん性、接着剤適用性、耐ブロッキング性、熱収縮性、折目保持性、非カール性など
- 便利性——開封性、携帯性など
- 商品性——光沢、透明性、平滑度、白色度、印刷適性など
- 経済性——価格、生産性、輸送保管性（重量、形状寸法など）
- その他

図32　包装材料として必要な諸性質[29)]

長所である。

その主なものとその種類と略号を表30に示す。また、プラスチックを使用した個装用の包装形態について主なものを表31に示す。

二、包装材料

（一）包装材料の要件

現在では、食品は品種、流通条件、調理法において多様化しており、それに伴って、包装材料に要求される条件は多面化している。包装材料として必要な諸性質を図32に示す。一般には包装材料に要求される性質は衛生性、保護性、作業性、便利性、商品性、経済性であるが、食品包装においては、これらの諸性質の中でも、安全衛生性、保護性が重要である。

安全衛生性は、人体に有害な物質の使用、溶出

表32　主な包材の物性比較

包装材料＼物性	物理的強さ		遮断性			安定性		
	一般強度	腰の強さ	防湿	ガス遮断	光遮断	耐油	耐寒性	耐熱性
木・竹	○	○	○	○	◎	×	○	×
ガラス	◎	◎	◎	◎	×	◎	○	○
金属	◎	◎	◎	◎	◎	◎	◎	◎
アルミ箔	×	×	◎	◎	◎	◎	◎	◎
紙	×	○	×	○	○	×	◎	×
布	○	×	×	×	◎	×	◎	×
セロファン	○	○	×	◎	×	◎	×	○
低密度ポリエチレン	○	×	○	×	○	×	○	×
高密度ポリエチレン	○	○	○	×	○	○	○	◎
延伸ポリプロピレン	○	○	○	×	×	○	×	◎
硬質塩化ビニル	○	◎	○	○	×	○	×	○
軟質塩化ビニル	○	×	×	×	×	○	○	×
延伸ポリスチレン	○	◎	×	×	×	○	○	○
塩化ビニリデン共重合体	○	×	◎	◎	○	◎	○	◎
ポリエチレンテレフタレート	◎	◎	○	○	×	◎	◎	◎
ポリカーボネート	◎	◎	○	○	×	◎	◎	◎

◎：優れている　○：良好　×：劣る

の有無の問題である。安全衛生性は食品衛生法により規制されている。

主な包装材料の保護性を比較して、表32に示す。

保護性は、先ず、食品全般共通の条件として物理的強さである。外力による中味の破損、漏洩を防止するためには包材自身が強くなければならない。

次いで、バリアー性、安定性が、食品個々の性質と流通条件・使用条件に適合するものが必要である。特に、気体遮断性、防湿性は、食品の保存性への影響が大きいので選定上重要視されている。その他保香性、遮光性が必要な食品も

表33　各種単体フィルムのガスバリアー性[30)]

フィルムの名称	ガス透過度(cc/m², 24時間・atm)			透湿度(g/m²,24時間) 40℃, 90%RH
	炭酸ガス	窒素ガス	酸素ガス	
低密度ポリエチレン	42,500	2,800	7,900	24～48
高密度ポリエチレン	9,100	660	2,900	22
無延伸ポリプロピレン	12,600	760	3,800	22～34
2軸延伸ポリプロピレン	8,500	315	2,500	3～5
サランコート2軸延伸ポリプロピレン	8～80	8～30	＜16	5
普通セロハン	6～90	8～25	3～80	＞720
防湿セロハン	—	—	40*	8～16
サランコートセロハン	—	—	15*	＜12
ポリエステル	240～400	11～16	95～130	20～24
無延伸ナイロン	160～190	14	40	240～360
2軸延伸ナイロン	—	—	30*	90
サランコート2軸延伸ナイロン	—	—	10*	4～6
ポリ塩化ビニール	320～790	30～80	80～320	5～6
塩化ビリニデン,塩化ビニール,コポリマー	60～700	2～23	13～110	3～6
ポリスチレン	14,000	880	5,500	110～160
ポリカーボネート	17,000	790	4,700	170
エバール	—	—	2*	30
バリシカ(SM)	—	—	4*	23
OV	—	—	3*	4
K-フレックス**	—	—	10*	2
ポリアクリロニトリル	—	—	3*	20

注1）サランコートフィルムの値はコート剤の種類、量により異なる。
注2）ガス透過度の測定条件および測定方法
　　無印：25℃、50%RH、ASTM　D1434-66
　　*印：27℃、65%RH、同圧酸素電極法
注3）ガス透過度および透湿度はすべて厚さ25μに換算した値を記載した。
注4）**印のK-フレックスの値はOPP/K-フレックス/CPPのラミネートの値を示した。

ある。

使用上からは、電子レンジ加熱、熱湯浸漬加熱、熱湯注入など高温に加熱される場合がある。また、冷凍食品ではマイナス二〇℃以下の低温下で保管・流通される。このような使用条件に適合する安定性も選定上重要である。

食品包装における包装材料の機能の高度化ニーズは、製品の特性、使用条件、

流通条件が多様化すると共に、ますます高まっている。また環境問題、経済性が問題視されている。それらのニーズに対応した機能への改善を単体材料の改善に頼ろうとするのは、材料それぞれに固有の問題があり、限界がある。現在とられている方法は、プラスチックを中心に材料を複合化することで、それぞれの材料の欠点を補完して、機能アップをすることである。伝統的包装材料も複合化されて、新しい用途が開けた事例も多い。

紙製品は、最大の弱点である耐水性をプラスチックと積層することにより解決し、金属缶はプラスチックを内面にコーティングすることで防錆性が得られた。プラスチックも性能の異なる樹脂を積層・接着（プラスチックラミネート）することによって、機能を改善したものが多数開発されている（表33、表34）。

また、アルミ箔をラミネートして光、気体、湿度のバリアー性を完全なものにしたもの、プラスチックフィルムに乳化樹脂をコーティング（例：塩化ビニリデンコート）したもの、アルミニウムを真空高温下で蒸着した、機能の改善に併せて経済性を加えた包材も開発されている。適切な包装材料の選定により、種々のニーズを解決する事が出来る。

表34　各種複合フィルムのガスバリアー性[31)]

複合フィルムの構成	厚み（μ）	水蒸気透過量 (g/m^2, 24時間) 40℃，90％RH	酸素ガス透過量 (cc/m^2，24時間・atm) 0～100％RH	用途
普通セロハン/LDPE	20/40	20	10～200	ラーメン，粉末ジュース
延伸ポリプロピレン/LDPE	20/40	5	1,500～2,000	ラーメン
ポリエステル/LDPE	12/40	15	120	漬物
延伸ナイロン/LDPE	15/40	16	30～120	冷凍食品
Kコートセロハン/LDPE	22/50	4	5～15	みそ
Kコートポリプロピレン/LDPE	20/40	4	5～15	漬物
Kコートポリエステル/LDPE	16/50	6	5～15	ラーメンスープ
Kコートナイロン/LDPE	15/50	7	5～15	ハンバーグ，香辛料
OV/LDPE	15/15	4	0.5～2	海苔，けずり節，漬物
OPP/エバール/LDPE	20/17/40	6	67	けずり節
ポリエステル/A1/LDPE	12/7/40	0	0	粉末ジュース
ポリエステル/アルミ蒸着/LDPE	12/－/40	0.1	2	お茶

(二) 包装材料の安全性

(1) 容器包装の規格基準

食品に用いられる容器包装は、食品の安全確保のため、有害な物質の混入防止について食品衛生法によって、規格基準、試験法が定められている。食品衛生法では、「容器包装とは、食品又は添加物を容れ、または包んでいる物で、食品または添加物を授受する場合そのまま引き渡すものをいう」となっている。すなわち、主に規格基準を遵守するのは個装であって、運搬用の外箱は除外出来る。一方、同法では、容器包装と器具は一括して扱われており、食品および添加物の製造、加工、調理、運搬などに用いられてかつ、中味に直接接触する機械・器具は容器包装と同じように安全性の確保をしなければならないことを付け加えておく。

包装材料、容器を化学的にみて安全なものにする根本原則は次の通りである。

① 容器や包装材料の製造加工には有害な物質を使用しない。

② どうしても使用しなければならない場合は、溶出したり浸出して食品に混和しないような構造とする。

③ そのような構造を作ることが困難である場合は、食品に混和する物質の量が人体に悪い影響を与えない量以下とする。

各種の容器包装の規格基準とその試験法については、「食品、添加物などの規格基準」中の、「器

表35　材質別の規格項目

項目 ＼ 材質		ガラス、陶磁器、ホウロウ引き	合成樹脂	ゴム	金属缶*
材質試験	鉛		◎	◎	
	カドミウム		◎	◎	
	ヒ素				
	ジブチル錫化合物		○		
	クレゾール燐酸エステル		○		
	塩化ビニルモノマー		○		
	塩化ビニリデンモノマー		○		
	バリウム		○		
	揮発性物質		○		
	2－メチルカプトイミダゾン			○	
溶出試験	重金属		◎	◎	
	鉛	○			◎
	カドミウム	○			◎
	ヒ素				◎
	亜鉛			◎	
	過マンガン酸カリウム消費量		◎		
	蒸発残留物／水		○	○	○
	蒸発残留物／４％酢酸		○		○
	蒸発残留物／20％エタノール		○	○	○
	蒸発残留物／ｎ－ヘプタン		○		○
	フェノール		○	◎	○
	ホルムアルデヒド		○	◎	○
	アンチモン		○		
	ゲルマニウム		○		
	メタクリル酸メチル		○		
	ε－カプロラクタム		○		
	エピクロルヒドリン				○
	塩化ビニル				○

◎：全品種共通　○：一部品種

〔＊：乾燥した食品（油脂および脂肪性食品を除く）を内容とするものを除く〕

具および容器包装の規格基準」の項を参照されたい。各種包装容器の規格基準の概要を表35に示す。

(1)　ガラス、陶磁器、ホウロウ引き製品

七〇〇℃以上で焼成されているので有機化合物は問題ないが、クリスタルガラス、陶磁器・ホウロウ引き食器の釉薬や上絵具からの鉛、カドミウムなどの金属塩の溶出が問題になる。

(2)　合成樹脂（プラスチック）製品

合成樹脂はエチレン、スチレンなどの重合性を持つ化合物（モノマー）を、化学的に結合させた高分子化合物に添加物を加えて、フィルム、シートなどに加工したものである。プラスチック製品は工業用を含めれば非常に多種類の製品があり、その製造に用いられる原料モノマーと添加物は延べ一〇〇〇種類以上ある。その中にはかなり毒性のある物も含まれている。重合した分子には毒性、発癌性はないが、原料モノマーには急性毒性の強いものや発癌性のあるものがある。したがって、このようなモノマーが残留すれば食品衛生上問題である。またプラスチックの物理的、化学的性質および商品価値の向上のために種々の添加剤が使用される。添加剤についても、毒性の強いものは使用規制（使用量規制を含めて）されている。主な添加剤を表36に示す。

原料モノマーおよび添加剤さらにそれらの分解生成物が溶出すれば、食品を汚染する危険がある。溶出量は材質中の含有量が多ければ多くなる。そして接触する食品の性状（油性、水性、pH）や、接触条件（温度、時間、接触面積）に影響される。添加剤の多くは、有機溶剤可溶、水難溶である。したがって、油性食品、アルコール性食品などには溶出しやすい。また接触温度が高い方が溶出す

表36　主なプラスチック添加剤の種類[32)]

添加剤の種類	化　合　物（例）
可塑剤	フタル酸エステル系（フタル酸ジオクチル）、エポキシ系（エポキシ化大豆油）、リン酸エステル系（クレゾールリン酸エステル）、脂肪酸エステル系（ステアリン酸ブチル）、クエン酸エステル系（アセチルクエン酸トリブチル）、アジピン酸系、セバシン酸系
酸化防止剤	フェノール系［ジブチルヒドロキシトルエン（BHT）、4,4－チオビス（3－メチル－6－ブチルフェノール）］、リン系（トリフェニルフォスファイト）、アミン系（フェニール－α－ナフチルアミン、N,N－ジフェニール－p－フェニレンジアミン）、硫黄系（メルカプトベンゾチアゾール）
安定剤	金属石鹸（高脂肪酸系のNa、Mg、Ca、Ba、Zn、Cd、Sn、Pb塩）、無機酸塩（PbO）、アミン化合物（尿素）、有機金属化合物（Sn、Pb、Sb）、有機酸塩（アセト酢酸カルシウム）
紫外線吸収剤	サリチル酸フェニル、ベンゾトリアゾール、2－ヒドロキシベンゾフェノン
帯電防止剤	N－アシルサルコシン、N,N－ビス（2－ヒドロキシエチル）アルキルアミン
難燃剤	塩素化パラフィン、四臭化ビスフェノールA、ポリ臭化ビフェニール、ビスクロロプロピル
着色剤、顔料	無機顔料：白（TiO_2、ZnO、$BaSO_4$、$CaCO_3$）、黒（カーボンブラック）、赤（Fe_2O_3、CdSnHgS）、青（群青）、黄（CdS＋$BaSO_4$、$SrCrO_4$・$ZnCrO_4$）、緑（Cr_2O_3・$2H_2O$・ZnO・nCoO） 有機顔料：黄（ベンジンイエロー）、赤（トルイジンレッド）、青（フタロシアニンブルー）
発泡剤	クエン酸、アジピン酸、アゾジカルボン酸アミド、ブタン、ペンタン、ジフロロジクロルメタン、N,N－ジニトロソペンタメチレンテトラミン
活剤、離型剤	オルガノポリシロキサン、パラフィン、脂肪酸のアルカリ金属塩、ステアリン酸亜鉛、モンタンロウ
重合開始剤	過酸化ベンゾイル、ジクミルパーオキサイド
乳化剤	アルキルベンゼンスルホン酸ナトリウム、ポリエチレングリコール
乳化安定剤	ベントナイト、メチルセルロース、ゼラチン、硫酸バリウム
充填剤	硫酸バリウム、硫酸カルシウム、クレー、カオリン、シリカ、酸化マグネシウム

るので、カップ麺など熱湯を注ぐ容器では溶出に留意する必要がある。したがって、規格基準は、材質と合わせて各種浸出条件を想定した溶出量の限界を定めている。

(3)　金属缶

金属缶の材質は、鉄系（ブリキ、ＴＦＳ（tin free steel）、ＬＴＳ（low tin steel））と、アルミニウムがある。金属缶は、腐食による溶出と、内面をプラスチックでコートしたものにはコート剤からの溶出に関係する八項目について規格基準が定められている。

この他に、清涼飲料水の成分規格では錫一五〇μg／ml以下と定められている。錫は数百ｐｐｍ以上になると、それを摂取した場合、腹痛、嘔吐、下痢、頭痛などの一過性の急性中毒を起こす。錫の溶出量は、保存期間が長いほど、保存温度が高いほど増加する。また酸素、酸によって腐食され溶出する。ブリキ缶はメッキした錫が溶出して中毒を起こす危険性があるが、プラスチックで全面塗装した缶は錫の溶出は少なく安心である。錫中毒を防ぐには、食品の種類によって適正な缶を選ぶ必要がある。またブリキ缶は、開缶後は空気と接触することにより錫の溶出が急激に増加する。それで、開缶後は、食品を他の容器に移した方が良い。[33]

(4)　ゴ　ム

ゴムには、天然ゴムと合成ゴムがある。食品の包装材料としてはパッキングくらいであまり使用されてないが、規格項目はほぼプラスチックと同じである。ゴムはプラスチックと同じく添加剤を加えるが、固有のものとして加硫剤、加硫促進剤がある。加硫促進剤の一種の２－メチルカプトイ

包装材料の試験項目[34)]

Z　1526	Z　1707	Z　0238	備　　　考
ポリエチレン加工セロハン	食品包装用プラスチックフィルム*	密封軟包装袋の試験方法	測定法の記載を省略した試験項目
○			JIS　Z　1526を参照
			JIS　Z　1520を参照
○	○		
○	○		
○	○		
	○		
		○	
		○	
		○	
○	○	○	
	○		
○	○		JIS　P　8138を参照
	○		
	○		
	○		
	○		
			JIS　P　8119を参照
			JIS　Z　1510を参照

表37　食品包装用柔軟材

JIS 名称 試験項目	Z　1520 パラフィン紙	Z　1514 ポリエチレン加工紙	Z　1515 塩化ビリニデン加工紙	Z　1520 はり合わせアルミニウム	Z　1521 セロハン
厚さ	○				○
ポリエチレン加工厚さ					
塗布率	○				
坪量	○				○
引張強さ	○	○	○		○
伸び					○
引裂強さ	○		○		
破裂強さ	○	○	○		
衝撃強さ					
落下強さ					
耐圧縮強さ					
漏えい					
ヒートシール強さ		○			○
気体透過度					
透湿度	○	○	○	○	○
不透明度	○				
耐ブロッキング度		○	○		
耐熱条件(耐熱性)					
耐寒条件(耐寒性)					
耐寒度		○	○		
油脂透過度			○		
耐油度					
平滑度	○				
凝固点	○				

○：適用される試験項目を示す。

＊：食品包装用プラスチックフィルムは，単体フィルムと複合フィルムで構成されているので，「JIS　Z　1702包装用ポリエチレンフィルム」と「JIS　K　6782一般用2軸延伸ポリプロピレンフィルム」は，単体フィルムに該当することより記載を省略した。

表38　ガラス容器の試験項目[35)]

試験項目 ＼ JIS	S 2351	S 2301	S 2302	S 2303	S 2304	S 2305	S 2306
名称	炭酸飲料用ガラスびん	炭酸飲料用ガラスびんの肉厚測定方法	炭酸飲料用ガラスびんの耐内圧力試験方法	炭酸飲料用ガラスびんの機械衝撃試験方法	炭酸飲料用ガラスびんの熱衝撃試験方法	炭酸飲料用ガラスびんのひずみ測定方法	炭酸飲料用ガラスびんの飛散防止性能試験方法
容量	○						
質量	○						
高さ（最高部）	○						
胴径（最大部）	○						
肉厚	○	○					
耐内圧力強度	○		○				
機械衝撃強度				○			
耐熱衝撃強度	○				○		
ひずみ	○					○	
飛散防止性能							○

ミダゾリンは、塩素を含む合成ゴムの製造に使用されるが、発癌性の疑いがあるので食品関係には使用が制限されている。

(5)　紙製品

紙製品については、規格基準はないが、厚生省（現厚生労働省）通達で、蛍光塗料の溶出を認めない、ＰＣＢの含有量五ｐｐｍ以下とする暫定基準がある。なお、紙の表面に合成樹脂を被覆したものは合成樹脂の規格基準が適用される。

(2)　包装材料の物性などの規格基準

容器包装の材質不良による食品の損傷を防止するためには、包装材料の物性などの試験項目および試験法がＪＩＳ規格に定められている。柔軟材包装材料、ガラスびん（「炭酸飲料用ガラスびん」のみ規定されている）、食品用金属缶の試験項目を表37、38、39にそれぞれ示す。

食品衛生法では食品用容器包装の用途別規格で強度試験が定められている。その食品などの試験項目を表40に示す。

表39　食品用金属缶の試験項目[36)]

名称＼JIS	Z　1602	Z　1571
試験項目	ぶりき板製18リットルかん	食品かん詰用金属かん
漏れ試験	○	
耐圧試験	○	○

別強度等試験項目[37]

強度等試験											
落下	ピンホール	漏水	耐圧縮	封かん強度	熱封かん強度	破裂強度	突き刺し強度	耐圧	持続耐圧	耐減圧	持続耐減圧
○					○			○			
									○		
										○	
		○									
								○			
										○	
	○										
						○	○				
○	○			○							
○	○		○								
○	○								○		
○	○										○
○	○	○									
○	○										
○	○										
○	○									○	
○	○	○									
○			○								
	○			○		○					
	○			○		○					
	○			○		○					
	○			○			○				
							○				
				○							
				○							
				○		○					

*4：厚生省令第35号(昭和58年)

表40　容器包装の用途

食品又は乳等の種類	容器包装の種類	密封又は密栓方法	内容物他
容器包装詰加圧加熱殺菌食品*1	ガラス製及び金属製以外	全て	全て
清涼飲料水*1	ガラス製	全て	炭酸含有
			熱充てん
			上記以外充てん
	金属製	開口部に金属を使用	内圧が大気圧を超える
			内圧が大気圧と同等又はそれ以下
		開口部に金属以外を使用	全て
			開口部の材質
	合成樹脂加工紙製	熱封かん	全て
	合成樹脂製及び合成樹脂加工アルミニウム箔製		
	合成樹脂製、合成樹脂加工紙製及び合成樹脂加工アルミニウム箔製	王冠等	炭酸含有
			熱充てん
			上記以外で充てん
		他	全て
	組合せ（金属，合成樹脂，合成樹脂加工紙又は合成樹脂加工アルミニウム箔のうち，2以上を用いる）	熱封かん	全て
		全て	熱充てん
		熱封かん以外	熱充てん以外
漬物*2	ガラス製，金属製，たる製及びつぼ製以外	全て	全て
牛乳，特別牛乳，殺菌山羊乳，部分脱脂乳，脱脂乳，加工乳，クリーム*3	ガラスびん		
	ポリエチレン製及びポリエチレン加工紙製	熱封かん	
発酵乳，乳酸菌飲料，乳飲料*3	ガラスびん		
	金属缶		
	ポリエチレン製及びポリエチレン加工紙製	熱封かん	
	ポリエチレン加工紙製及びポリスチレン製	合成樹脂加工アルミニウム箔で密栓	ポリエチレン加工紙
			ポリスチレン
			合成樹脂加工アルミニウム箔
調製粉乳*4	金属缶	開口部に金属を使用	
		開口部にポリエチレン及びポリエチレンテレフタレートを使用	
	合成樹脂ラミネート	熱封かん	

○：適用される強度等の試験項目を示す。

*1：厚生省告示第20号（昭和57年）　*2：環食第214号（昭和56年）　*3：厚生省令第17号（昭和54年）

注：*3，*4に示す以外の容器を使用する場合には，厚生大臣の承認を必要とする。

（三）包装の食品保護特性

（1）防湿包装

食品の吸湿を防止するには、金属缶、ガラスびんなど水蒸気を透過しない包装材料を使い、密閉するのが最も確実な方法である。しかし経済的で、小型化が容易で、軽量なプラスチックフィルムが使用されることが多い。使用されるフィルムは透湿度の低いエバール、アルミ箔をラミネートしたフィルム、塩化ビニリデンコート（Kコート、サランコート）、アルミ蒸着したフィルムなどがある。アルミを使用したフィルムを除いては多少なりとも水蒸気を透過するので、包装材料の選定に当たっては適正な防湿設計が必要である。

食品を、ある包装材料で包装した場合の許容限界水分以下に保持できる期間t、及び一定期間、限界水分以下に保持するのに必要な包装材料の透湿度Rの計算には図33の式が使われている。この式は実測値と誤差が大きい場合もあり、理論的にも問題があるようだが[38]、正確な試験を行っても実際の流通保管における環境条件はバラツキが大きいことから、結果はあくまでも推定値であること、この式は簡単に求められることを考えると実用の意味はあるように思う。

食品の吸湿防止には、適正な包装材料を使用することに加えてシリカゲル、塩化カルシウム、酸化カルシウムなどの乾燥剤を封入して包装することが多い。シリカゲルの使用量の計算法を図34に示す。

図33　防湿包装設計式

$$t = \frac{W(C_2 - C_1) \times 10^{-2}}{RA(h_1 - h_2)K} \quad \text{および} \quad R = \frac{W(C_2 - C_1) \times 10^{-2}}{tA\ (h_1 - h_2)\ K}$$

t：許容限界水分以下に保持できる期間（日）
R：透湿度（g／m^2・日）
W：中味食品の重量（g）
C_1：食品が包装されるときの水分（%）
C_2：食品が商品価値を維持できる限界水分（%）
A：包装材料の表面積（m^2）
h_1：貯蔵環境の平均湿度（%）
h_2：包装容器内部の湿度（%）
K：フィルムの種類と貯蔵環境温度によって決まる定数

各種フィルムのK値[38)]

0℃ ／ フィルム	40	35	30	25	20	15	10	5	0
ポリスチレン	1.11×10^{-2}	0.85×10^{-2}	0.64×10^{-2}	0.48×10^{-2}	0.35×10^{-2}	2.75×10^{-3}	1.84×10^{-3}	1.31×10^{-3}	0.92×10^{-3}
ポリ塩化ビニル　軟質	〃	0.73	0.49	0.31	0.20	1.26	0.78	0.46	0.28
ポリ塩化ビニル　硬質	〃	0.80	0.58	0.41	0.29	1.99	1.36	0.90	0.61
ポリエステル	〃	0.73	0.49	0.31	0.20	1.29	0.81	0.48	0.29
ポリエチレン　低密度	〃	0.70	0.45	0.28	0.18	1.05	0.63	0.36	0.21
ポリエチレン　高密度	〃	0.69	0.44	0.27	0.17	1.00	0.59	0.33	0.19
ポリプロピレン	〃	0.69	0.43	0.25	0.16	0.92	0.53	0.29	0.17
ポリ塩化ビニリデン	〃	0.65	0.39	0.22	0.13	0.74	0.40	0.21	0.11

図34　シリカゲルの使用量の計算法（JIS Z 0301）

$$W=\frac{ARM}{K}+\frac{D}{2}$$

W：シリカゲルの使用量（kg）
A：包装全面積（m^2）
M：期間（月）
R：包装材料の透湿度（g／m^2／day）
D：包装内の吸湿性のある包装材料（kg）
K：予想される外気条件による係数

予想される外気条件による係数（K）

包装体の外気条件	平均温湿度	記号	K
非常に高温多湿の場合	35～40℃，90％RH程度	Ⅰ	12
高温多湿の場合	30℃，90％RH	Ⅱ	20
比較的高温多湿の場合	25℃，80％RH	Ⅲ	30
通常の温湿度	20℃，70％RH	Ⅳ	60

(2) 酸化防止包装

食品成分の化学的変質は、油脂の酸敗臭、色素の分解、ビタミンなどの栄養成分の分解などであるが、化学的変質には酸素が関与している場合が多い。酸素は微量で作用するので変質を防止するためには、それぞれの食品の酸素感受性に合わせて、容器内の酸素を除去する包装技法が有効な手段である。併せて酸素バリアー性の高い包材を使用する方法が実施されている（表41参照）。[39]

(1)　真空包装

真空包装は包装系内から酸素を排除することによって、食品の鮮度など品質の変化を抑制する包装技法である。真空度の低いものは大気中で袋口をヒートシールする直前に袋内部を吸引脱気して、抑

表41　25％、65％RHにおいて1年間のシェルフライフを得るためのO_2許容濃度とH_2O増加または減少限界濃度（％）[39]

食　　品	O_2許容濃度(ppm)	H_2O許容(％)増加または減少
レトルト低酸性食品	1～　3	
ハム，ソーセージ	1～　3	3（減）
缶詰スープ	1～　3	3（減）
スパゲティソース	1～　3	3（減）
加熱滅菌ビール	1～　2	
ワイン（上質）	2～　5	
挽きたてコーヒー	2～　5	
トマト加工品	3～　8	
スナック，ナッツ	5～　15	5（増）
ドライフード	5～　15	1（増）
ドライフルーツ	5～　15	
高酸性フルーツジュース	8～　20	3（減）
炭酸入りソフトドリンク	10～　40	3（減）
オイルおよびショートニング	20～　50	
サラダドレッシング	30～100	10（増）
ピーナッツバター	30～100	10（増）
ジャム，ゼリー	50～200	3（減）
ウィスキー	50～200	

えたままシールする。真空度を高くする場合には、シール装置を内蔵したチャンバーに袋を入れ、チャンバーを閉じて脱気してシールし、取出す方法が用いられる。

包装形態には、パウチ、ピロー包装、成形容器、深絞り、スキンパックがある。使用する包装材料の酸素透過度は、出来るだけ少ないものを用いる必要性がある（酸素透過度 20ml／m²・atm・24hr・at 25℃以下であることが望ましい）。プラスチックフィルムではポリ塩化ビニリデン、エバールなどのラミネートフィルムが使用される。

真空包装は、真空度が五～一〇Ｔｏｒｒであり、酸素除去による静菌は出来ない。カビ防止、酸化防止も不完全

表42　生鮮食品と加工食品のガス置換包装[40)]

食品区分	食　品　名	ガスの種類	効　　果
生　肉	業務用生肉	N_2+CO_2	微生物抑制と肉色素維持
	コンシュマー用生肉	O_2+CO_2	肉色素の発色と微生物抑制
生鮮魚	魚切り身	N_2+CO_2	肉色素維持と微生物抑制
調理加工食品	テリーヌ，ムニエル	N_2+CO_2	旨味保持と微生物抑制
水産加工品	かに足風かまぼこ	N_2+CO_2	細菌とカビの発育阻止
	削り節	N_2	肉色素の酸化防止
食肉加工品	薄切りハム，フランクフルト	N_2+CO_2	脂肪，肉色素の酸化防止と微生物抑制
乳製品	ドライミルク	N_2	酸化防止
	スライスチーズ	N_2+CO_2	脂肪酸化防止とカビ発育防止
嗜好製品	コーヒー，紅茶	N_2	香気逸散防止
	日本茶	N_2	ビタミンの損失防止，香気逸散防止
菓子類	油菓子	N_2	脂肪の酸化防止
	カステラ	N_2+CO_2	カビ発育防止
	ピーナッツ，アーモンド	N_2+CO_2	脂肪酸化防止
粉末飲料	粉末ジュース	N_2	ビタミンの損失防止，香気逸散防止

である。

フレキシブルな包材を用いた真空包装は、内部の空気が排除されるため、空隙がなくなる。真空包装品には、加熱殺菌したものが多いが、加熱膨張が起こらないので、包装後殺菌が容易になり、表面に付着した二次汚染菌の殺菌には特に効果がある。

(2)　ガス置換包装

真空包装は、容積の収縮が起こり、内容物が圧縮変形し破損が起きることがある。このような場合は、容器内の空気を窒素、あるいは窒素と二酸化炭素の混合ガスで置換するガス置換包装がとられる。方法としては、容器内部にガスを吹き付けて置換するガスフラッシュ式、チャンバー式真空包装機で脱気した後、ガスを入れてシールする方式がある。使用される包装形態、包材は真空包装と同じである。二～四％の酸素が残り、脱酸素効果は真空包装と同程度である。一般には真空包装より外観が良いのでガス置換包装がとられることが多い。ガス置換包装した製品例を表42に示す。

酸化防止のためには窒素ガスが多用される。

炭酸ガスは好気性菌に対して静菌作用があるので、微生物抑制の目的からも使用される。効果の程度は菌の種類によって著しく異なり、一般にカビに対して最も強い作用がある。

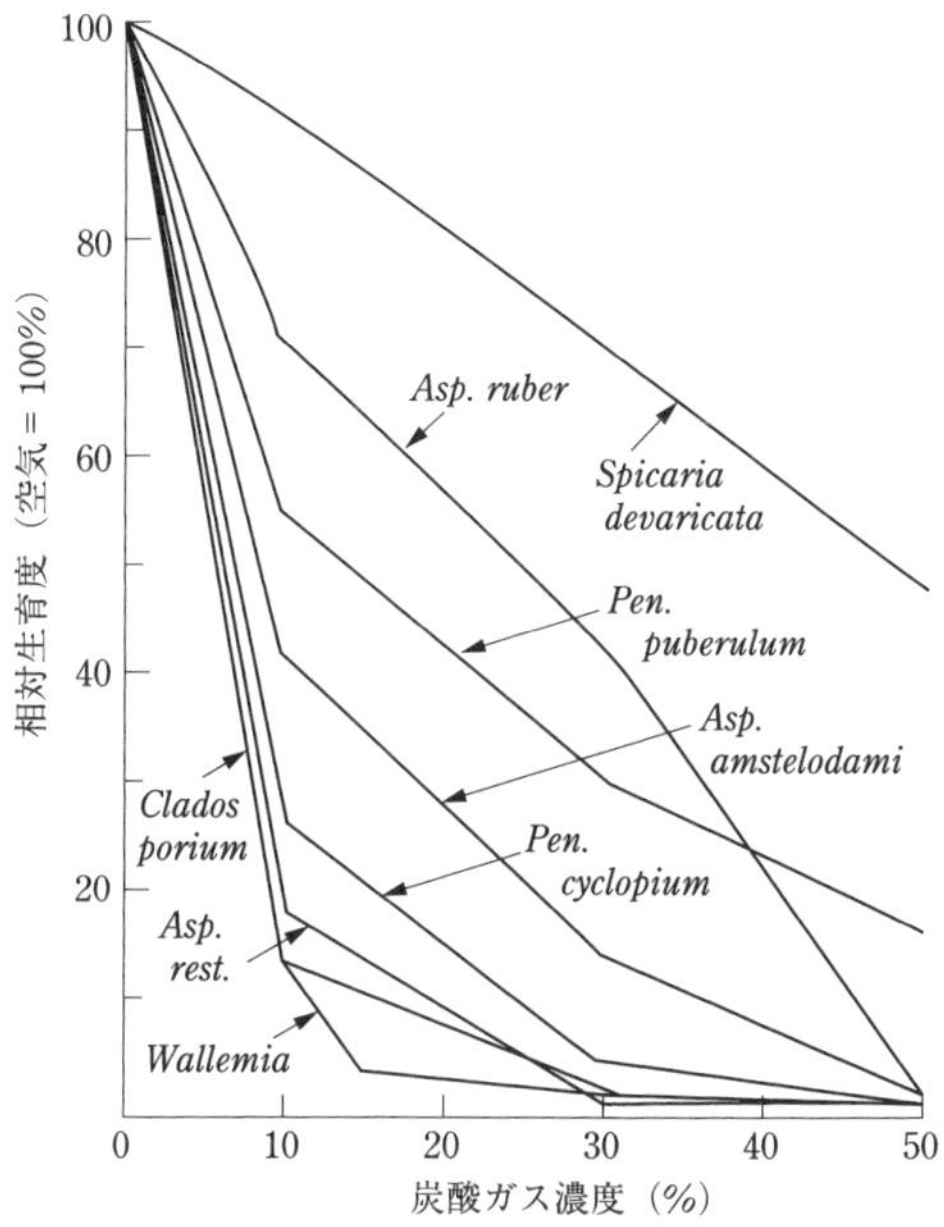

図35　酸素20%下におけるカビの生育に及ぼす炭酸ガス濃度の影響[41)]

炭酸ガスは酸素の存在下でもかなり有効であり、ガスパックに使用すれば、多少酸素の残存する状態でもカビの生育を抑制し、保存期間の延長ができる。

炭酸ガスは、高水分食品、油脂食品では食品に溶け込むため減圧になる。また酸味を感じる場合がある。

(3) 脱酸素剤封入包装

脱酸素剤を容器内に封入して、容器内の酸素を化学的に吸収・除去する包装技法である。最近では酸素を二酸化炭素に置換するガス置換剤もある。脱酸素剤は無機系（主として鉄粉を主成分とする）が主だが、有機系（主としてアスコルビン酸を主成分とする）もあり、これら薬剤を通気性包材に充填したものである。

鉄系脱酸素剤は鉄が酸素と結合して錆びることを利用したものである。その反応には水分が必要であり、酸化の機構は複雑らしいが、基本的には次のように反応が進行する。[42]

$$Fe \rightarrow Fe(OH)_2 \rightarrow Fe_2O_3$$

鉄系の脱酸素剤は、包装される食品から水分を吸収して酸素と反応する水分依存型と脱酸素剤の中に水分を含み、空気に触れると直ちに酸素と反応する自力反応型の二種類がある。また食品の水分活性との対応では、高水分用（Aw〇・八以上）、即効タイプ（Aw〇・六〜〇・九）、低水分用（Aw〇・八以下）がある。

脱酸素剤を使用する場合、内部の酸素濃度を保持するためには、真空包装・ガス置換包装と同様に、ガス透過度の低い包装材料を使う必要がある。

表43　各種ガス置換法の比較

項　　目	真空包装	ガス置換包装	脱酸素剤封入包装
原　　理	・パック内の空気を真空にして追い出す	・パック内空気をN_2ガス(或いはCO_2混合ガス)で置換する	・パック内の酸素を化学的に除去する
酸素除去率	・酸素除去は不完全である	・通常2～4％以上の酸素が残る	・脱酸素率≒100％
パック内酸素量の経時変化	・内外の圧力差により酸素透過性大きく、酸素増加量は大である	・経時とともにパック内酸素は増加する	・余力によって後から透過してくる酸素も吸収するので長期間パック内を酸素皆無に維持する
酸化防止効果	・有効	・有効	・極めて有効
カビ防止効果	・カビ発生抑制できない	・カビ発生抑制できない（CO_2混合ガスを使用すれば抑制できる）	・完全に抑制する
その他微生物に対する効果	・好気性菌は抑えられない ・通性嫌気生菌も微量酸素の存在する好気性雰囲気の方が増殖しやすい	・好気性菌は抑えられない ・通性嫌気生菌も微量酸素の存在する好気性雰囲気の方が増殖しやすい ・CO_2ガスは偏性嫌気性菌の増殖を促す	・好気性菌は抑えられる ・通性嫌気生菌も一般に増殖しにくい(乳酸菌を除く)
設備・ハンドリング	・設備必要 ・大量生産向き	・設備必要（設備費大） ・大量生産向き	・設備不要で手軽に使える ・大量生産も自動投入機使用で可
その他の問題点	・外形が変形する	・N_2／CO_2比の調節で膨張、収縮変形を防止する	・約20％容積減少（ガス置換剤の使用） ・鉄系脱酸素剤では金属検出器使用不可

脱酸素剤の酸素吸収能力は、食品の種類（主にAw）、流通条件（温度）によって異なるが、一二～四八時間で、酸素濃度を〇・一％近くまで低下させることができる。また適切な包装材料を使用すれば、ほとんどゼロまで脱酸素することが出来る。脱酸素剤封入包装は、真空包装、ガス置換包装に比較して残存酸素濃度が低いので、酸化防止に有効であるばかりでなく、好気性微生物の増殖抑制効果が期待できる。また脱酸素のための設備が要らず、簡単に使用できるメリットがある。真空包装、ガス置換包装との比較を表43に示す。

三．包装設計

新製品の包装は、コンセプト作成時に、中味と共にマーケティングの視点から基本的な仕様が決定されることが多い。加工原料用製品を除いては消費者の関心を引き付け、購買に到らせるには包装の役割が大きいからである。またコストから選択範囲が定まることも多い。技術者としては、マーケティングの構想を踏まえて、社会的、工業的役割の視点から遺漏のないよう、製品特性、流通条件を考慮して、包装材料、包装技法を決定しなければならない。それらの関係を図36に示す。

包装工程は、製造の最終工程として、一つに括られるが、例として、カップ入り味噌の包装工程を図37に示した。内容は充填に限らず、計量、封緘から印字に到るまで多岐にわたる。そして、消費者からのクレームは、異物混入（必ずしも包装が原因とはいえないが）を含めれば包装工程に関

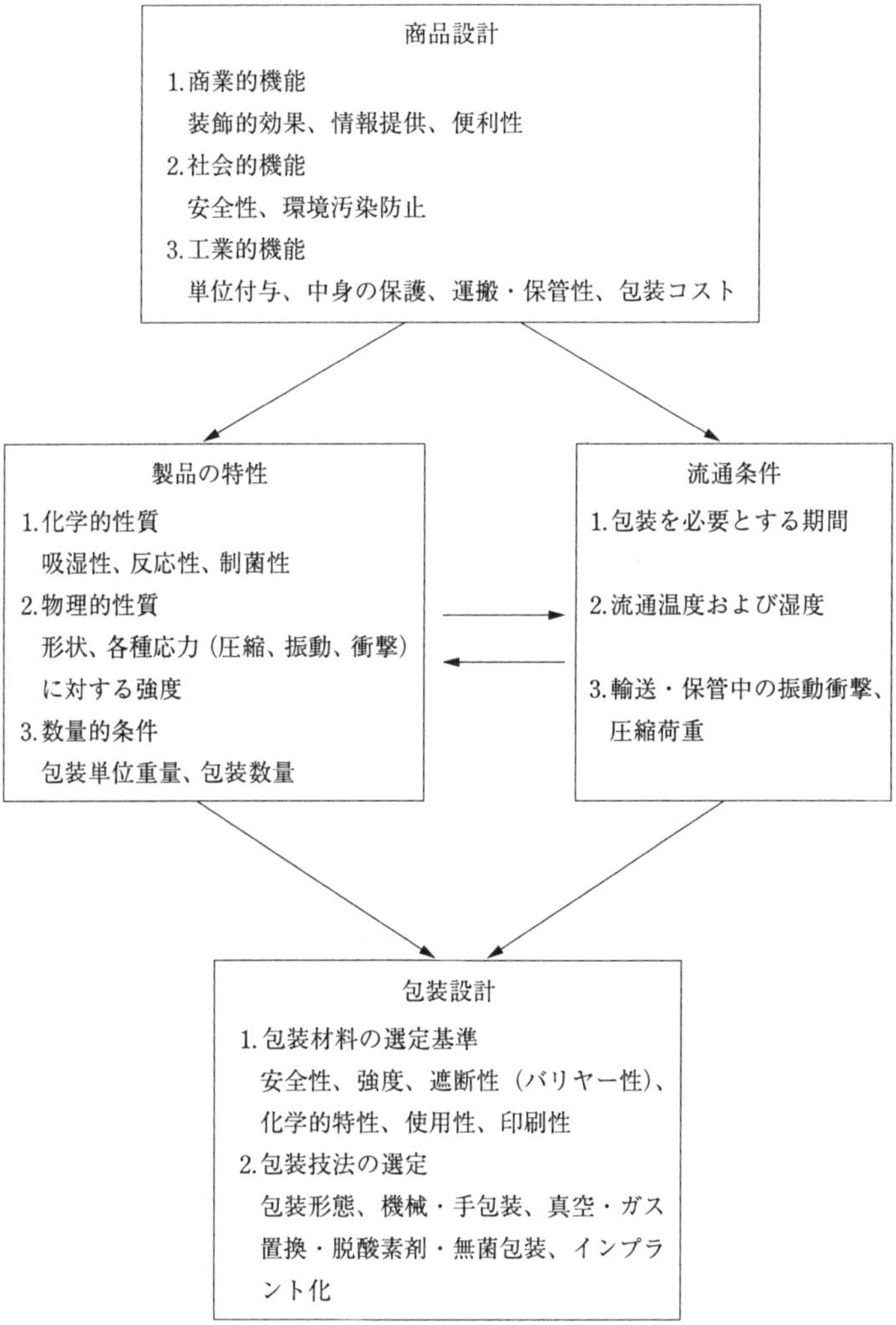
商品設計
1.商業的機能
装飾的効果、情報提供、便利性
2.社会的機能
安全性、環境汚染防止
3.工業的機能
単位付与、中身の保護、運搬・保管性、包装コスト
製品の特性
1.化学的性質
吸湿性、反応性、制菌性
2.物理的性質
形状、各種応力（圧縮、振動、衝撃）に対する強度
3.数量的条件
包装単位重量、包装数量
流通条件
1.包装を必要とする期間
2.流通温度および湿度
3.輸送・保管中の振動衝撃、圧縮荷重
包装設計
1.包装材料の選定基準
安全性、強度、遮断性（バリヤー性）、化学的特性、使用性、印刷性
2.包装技法の選定
包装形態、機械・手包装、真空・ガス置換・脱酸素剤・無菌包装、インプラント化

図36　包装設計の流れ

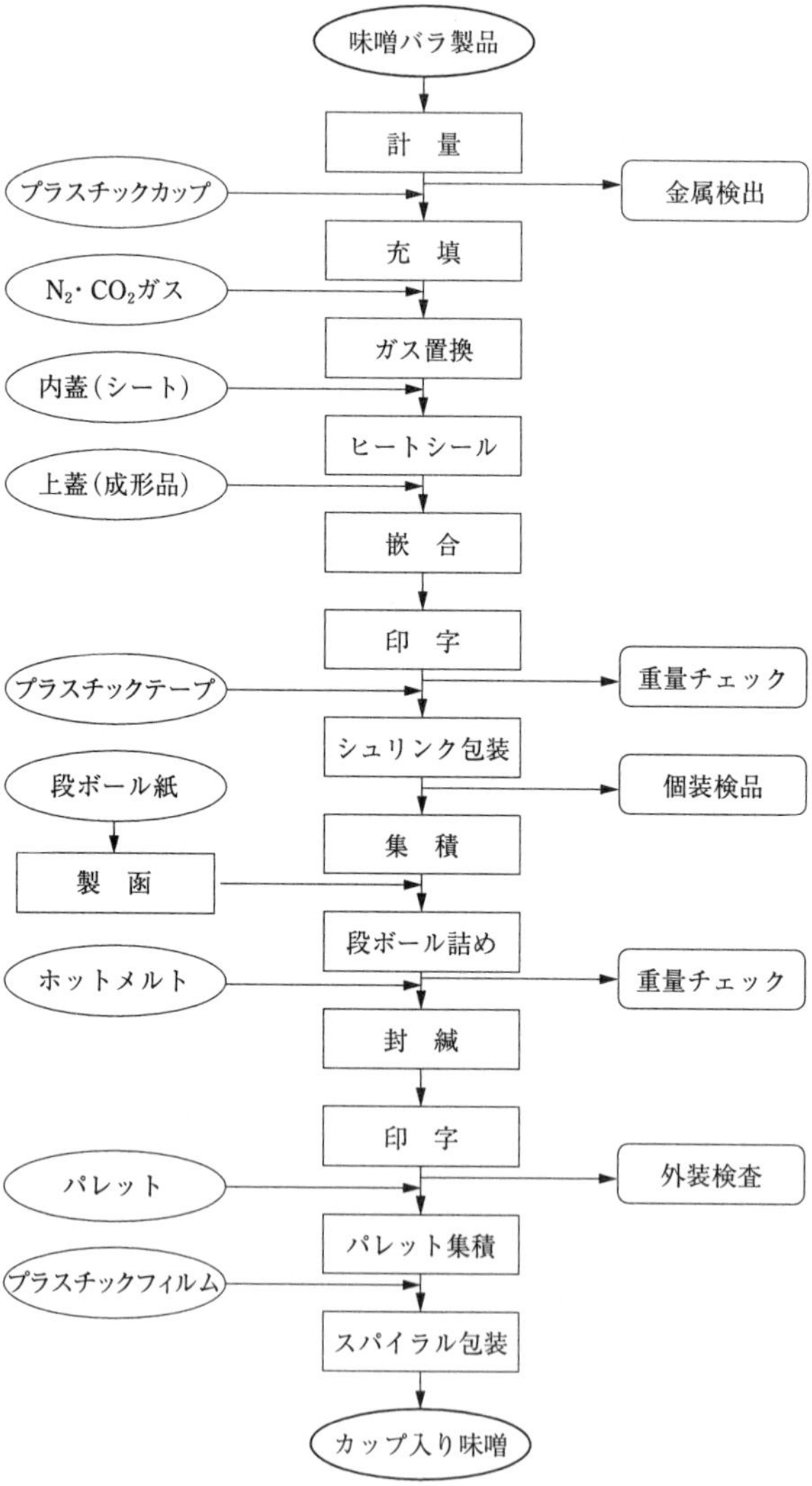
味噌バラ製品
計　量
プラスチックカップ
金属検出
充　填
N2・CO2ガス
ガス置換
内蓋（シート）
ヒートシール
上蓋（成形品）
嵌　合
印　字
プラスチックテープ
重量チェック
シュリンク包装
段ボール紙
個装検品
集　積
製　函
段ボール詰め
ホットメルト
重量チェック
封　緘
印　字
パレット
外装検査
パレット集積
プラスチックフィルム
スパイラル包装
カップ入り味噌

図37　カップ入り味噌の包装工程

したものが圧倒的に多い。シール不良、穿孔による中味の腐敗・漏洩、表面の瑕疵、印字のかすれなど多様である。包装設計に当たっては、包装の安定性を確保することも重要な要素である。

包装工程を製造工程に比べたときの特質としては、

① 合理化・効率化が一般的に遅れており、人手それもパートなど未熟練者による作業が多い。

② 単純反復作業が多い。

③ 外部環境（流通業界、消費者、使用者）の影響が大きく、合理化・効率化を図ることが難しい。

④ 個々の機械の信頼性は一〇〇％ではない。

などがある。したがって包装不良は、機械に因るものと中味の取り違えを初めとする初歩的な人為ミスに因るものがある。機械などの調整マニュアル、検品を含めたトータルの管理システムを整備することが必要である。

包装不良を低減するためには

① 包装工程のライン化

② ハンドリング（自動整列、集積、搬送など）の自動化

③ 単一機械（充填、箱詰めなど）の信頼性向上

④ 計数、外観検査の自動化

などがある。

単純作業については極力自動化を進めるのが良いと思う。

引用文献

(1) ブリア・サヴァラン著、関根秀雄訳：美味礼賛　二一頁　白水社（一九九六）
(2) 石毛直道編：人間・たべもの・文化　一三頁　平凡社（一九八〇）
(3) 総務省統計局：家計調査年報 平成一二年　二二〇頁　総務省統計局（二〇〇〇）
(4) 藤田吉邦：食品工業二〇〇〇年一月一五日号　四二頁（二〇〇〇）
(5) G. L. Urban et al（林広茂他訳）：プロダクトマネジメント　一六八頁　プレジデント社（一九八九）
(6) 好井久雄他：食品微生物学ハンドブック　七六頁　技報堂（一九九五）より
(7) 好井久雄他：食品微生物学ハンドブック　八〇頁　技報堂（一九九五）より
(8) 石谷孝佑：「ガスパック」一頁　パッケージング別冊（一九七七）
(9) 井上富士雄ら：食品と微生物一（一）八七（一九八四）
(10) Kosikowshi, E. V. and Fox, P. F.: J. Dairry Sci., **51**, 1018（1968）
(11) 相磯和嘉：食品微生物学　一六二頁　医歯薬出版（一九七六）
(12) 内田　元：保蔵の原理（食品化学）一五二頁　朝倉書店（一九七六）
(13) 柴崎　勲：新・殺菌工学　一〇頁　光琳（一九九八）
(14) 石谷孝佑：日本機械学会誌　**八三**、一二六三（一九八〇）

(15) 松田典彦：防菌防黴　**三**（三）九（一九七四）
(16) Cord, B. R. and Dychala, G. R. Antimicrobials in Foods chap. **14**, 469 (1993)
(17) 日本包装技術協会編：食品包装便覧　一二三七頁　日本生産本部（一九八八）
(18) J.A.Trolle, J.H.B.Christian（平田孝、林徹訳）：食品と水分活性、六頁　学会出版センター（一九八一）
(19) T. P. Labuza：J. Food Sci. **37**, 154 (1972)
(20) Lento, H. S. et al：Food Res. **23**, 68 (1958)
(21) 鎌田栄基、片山脩：食品の色　四五頁　光琳書院（一九六五）
(22) 光永新二、島村馬次郎：油化学、**七**、二七五（一九五八）
(23) 福場博康、小林昭夫編：調味料・香辛料辞典　一九二頁　朝倉書店（一九九一）
(24) 日本包装技術協会編：食品包装便覧　一二四二頁　日本生産本部（一九八八）
(25) 渡辺長男：食糧研　**一三**、四三（一九五二）
(26) 竹内　叶：月間フードケミカル　一九九七年　六月号　二九頁
(27) 日本包装技術協会編：包装技術便覧　二二四頁　日本包装技術協会（一九九五）
(28) 日本包装技術協会編：包装技術便覧　二二五頁　日本包装技術協会（一九九五）
(29) 野田茂剋：ジャパンフードサイエンス　**五**、七一（一九七六）
(30) 田中　明：ジャパンフードサイエンス　**一一**、三四（一九八二）

(31) 初谷誠一編：加工食品の新しい包装 一六九頁 流通システム研究センター（一九八〇）
(32) 総合食品安全辞典編集委員会編：総合食品安全辞典 八三六頁 (株)産業調査会 辞典出版センター（一九九四）
(33) 総合食品安全辞典編集委員会編：総合食品安全辞典 六三一頁 (株)産業調査会 辞典出版センター（一九九四）
(34) 日本包装技術協会編：食品包装便覧 六六四頁 日本生産性本部（一九八八）
(35) 日本包装技術協会編：食品包装便覧 六七四頁 日本生産性本部（一九八八）
(36) 日本包装技術協会編：食品包装便覧 六七九頁 日本生産性本部（一九八八）
(37) 日本包装技術協会編：食品包装便覧 六八一頁 日本生産性本部（一九八八）
(38) 日本包装技術協会編：食品包装便覧 四〇五頁 日本生産性本部（一九八八）
(39) 日本包装技術協会編：食品包装便覧 四六一頁 日本生産性本部（一九八八）
(40) 好井久雄他：食品微生物学ハンドブック 四九三頁 技報堂（一九九五）
(41) 石谷孝祐：日食工誌、**二八**、(四) 二二二（一九八一）
(42) 好井久雄他：食品微生物学ハンドブック 四九八頁 技報堂（一九九五）

著者略歴

岩田直樹（いわた　なおき）

昭和37年　東京都立大学工学部工業化学科卒業.

昭和30年　味の素株式会社に入社，同社本店食品研究室，中央研究所などの勤務を経て，クノール食品㈱商品研究所，味の素冷凍食品㈱冷凍食品研究所に出向.

平成6年　同社退社．ハナマルキ株式会社に入社，同社取締役技術研究所所長，技術顧問を歴任，平成13年退社.

食品開発の進め方

2002年8月1日　初版第1刷発行
2011年8月20日　初版第2刷発行
2015年10月25日　初版第3刷発行
2020年12月10日　初版第4刷発行

著　者　岩　田　直　樹
発行者　夏　野　雅　博
発行所　株式会社　幸（さいわい）　書　房
〒101-0051　東京都千代田区神田神保町 2-7
Phone 03-3512-0165　Fax 03-3512-0166
URL：http:/www.saiwaishobo.co.jp

三美印刷㈱

ISBN 978-4-7821-0211-4 C 3058